国家海洋创新评估系列报告
Guojia Haiyang Chuangxin Pinggu Xilie Baogao

国家海洋创新指数报告
2016

国家海洋局第一海洋研究所　编

海洋出版社
2018年·北京

图书在版编目(CIP)数据

国家海洋创新指数报告. 2016 / 国家海洋局第一海洋研究所编. — 北京 : 海洋出版社, 2017.12
ISBN 978-7-5210-0001-6

Ⅰ. ①国… Ⅱ. ①国… Ⅲ. ①海洋经济－技术革新－研究报告－中国－2016 Ⅳ. ①P74

中国版本图书馆CIP数据核字(2017)第316058号

责任编辑：苏　勤
责任印制：赵麟苏

海洋出版社 出版发行
http://www.oceanpress.com.cn
北京市海淀区大慧寺路 8 号　邮编：100081
北京朝阳印刷厂有限责任公司印刷　新华书店北京发行所经销
2018年1月第1版　2018年1月第1次印刷
开本：889mm × 1194mm　1 / 16　印张：13.5
字数：290千字　定价：98.00元
发行部：62132549　邮购部：68038093　总编室：62114335

国家海洋创新指数报告2016

编辑委员会

前 言

“创新”作为五大发展理念之首，展示了中国发展的大趋势，标注了中国全面深化改革的着力方向。党的“十八大”提出实施创新驱动发展战略，强调科技创新是提高社会生产力和综合国力的战略支撑，必须摆在国家发展全局的核心位置。《国家创新驱动发展战略纲要》提出以科技创新为核心带动全面创新，以体制机制改革激发创新活力，以高效率的创新体系支撑高水平的创新型国家建设，推动经济社会发展动力根本转换，为实现中华民族伟大复兴的“中国梦”提供强大动力。《推动共建丝绸之路经济带和21世纪海上丝绸之路的愿景与行动》提出了“创新开放型经济体制机制，加大科技创新力度，形成参与和引领国际合作竞争新优势，成为‘一带一路’特别是21世纪海上丝绸之路建设的排头兵和主力军”的发展思路。2016年7月28日，国务院印发《“十三五”国家科技创新规划》，提出以科技创新为引领开拓发展新境界，加速迈进创新型国家行列，加快建设世界科技强国。

“十三五”时期是我国全面建成小康社会的决胜阶段，是实施创新驱动发展战略、建设海洋强国的关键时期。海洋创新是国家创新的重要组成部分，也是实现海洋强国战略的动力源泉。《海洋科技创新总体规划》战略研究首次工作会上提出要“围绕‘总体’和‘创新’做好海洋战略研究”，“认清创新路径和方式，评估好‘家底’”。2017年5月8日，科技部、国土资源部、国家海洋局联合印发《“十三五”海洋领域科技创新专项规划》，强调要进一步建设完善国家海洋科技创新体系，提升我国海洋科技创新能力，显著增强科技创新对提高海洋产业发展的支撑作用。

为响应国家海洋创新战略，服务国家创新体系建设，国家海洋局第一海洋研究所自2006年着手开展海洋创新指标的测算工作，并于2013年启动国家海洋创新指数的研究工作。在国家海洋局领导和专家学者的帮助支持下，国家海洋创新指数评估系列报告第一期（《国家海洋创新指数试评估报告2013》）于2015年5月正式出版，国家海洋创新指数评估系列报告第二期（《国家海洋创新指数试评估报告2014》）于2015年12月出版，国家海洋创新指数评估系列报告第三期（《国家海洋创新指数报告2015》）于2016年12月出版。《国家海洋创新指数报告2016》是该系列报告的第四期。

《国家海洋创新指数报告2016》沿用此前系列报告中关于国家海洋创新指数的评价方法，基于海洋经济统计、科技统计和科技成果登记等数据，从海洋创新资源、海洋知识创造、海洋企业创新、海洋创新绩效、海洋创新环境5个方面构建国家海洋创新指数的指标体系，定量测算2001—2015年我国海洋创新指数，客观评估我国海洋创新能力和区域海洋创新能力，并对我国海洋经济创新发展区域示范、我国海洋科技投入产出效率、国际海洋科技研究态势进行专题分析，切实反映我国海洋创新的质量和效率。

《国家海洋创新指数报告2016》受国家海洋局科学技术司委托，由国家海洋局第一海洋研究所海洋政策研究中心具体组织编写。中国科学院兰州文献情报中心参与编写了海洋论文、专利和国际海洋科技研究态势专题分析等部分，青岛海洋科学与技术国家实验室参与编写了海洋国家实验室专题分析部分，国家海洋局科学技术司提供了我国海洋经济创新发展区域示范专题相关资料。国家海洋信息中心、科技部创新发展司、教育部科学技术司、华中科技大学管理学院等单位和部门提供了数据支持。在此对国家海洋局科学技术司，以及参与编写和提供数据的单位及个人，一并表示感谢。

希望国家海洋创新指数评估系列报告能够成为全社会认识和了解我国海洋创新发展的窗口。本报告是国家海洋创新指数研究的阶段性成果，敬请各位同仁批评指正，编写组会汲取各方面专家学者的宝贵意见，不断完善国家海洋创新指数评估系列报告。相关意见请反馈至mpc@fio.org.cn。

国家海洋局第一海洋研究所

2017年8月

目 录

第一章　引言

2012年，党的“十八大”将“建设海洋强国”的战略目标正式纳入国家大战略中。“海洋强国”目标是实现中华民族伟大复兴的“中国梦”的重要组成部分，海洋创新是“海洋强国”进程中必不可少的重要环节。“十三五”是海洋科技实现战略性突破的关键时期，海洋经济发展对海洋创新的需求将越来越强。

《国家海洋创新指数报告2016》客观分析了我国海洋创新现状与发展趋势，构建了我国国家海洋创新指数，定量评估了国家和区域海洋创新能力，并对我国海洋创新能力进行了评价与展望，对国际海洋科技研究态势等海洋创新关键问题进行了专题分析。具体分为以下9个部分。

第一章　引言。全面阐述了海洋创新的重要意义，并对《国家海洋创新指数报告2016》的内容进行了总体介绍。

第二章　从数据看我国海洋创新。从海洋创新人力资源、海洋创新国家级平台、海洋创新经费规模、海洋创新产出成果、高等学校海洋创新活动、海洋创新知识服务业6个方面的主要指标入手，对我国海洋创新的发展现状进行了全面分析。

第三章　国家海洋创新指数评估分析。对2001—2015年我国国家海洋创新指数进行了定量评估，结果表明：我国国家海洋创新指数显著上升，年均增速为21.90%。其中，海洋创新资源分指数持续上升，年均增速为6.92%；海洋知识创造分指数增长强劲，年均增速为21.80%，与国家海洋创新指数年均增速基本一致；海洋企业创新分指数迅速增长，年均增速达到64.23%，在5个分指数中增长态势最为迅猛；海洋创新绩效分指数在5个分指数中上升趋势较慢，年均增速为4.54%；海洋创新环境分指数保持上升趋势，年均增速为10.78%。

第四章　区域海洋创新指数评估分析。对2015年我国区域海洋创新指数进行了定量评估，结果表明：从我国沿海省（市、区）来看，上海的区域海洋创新指数得分最高，山东、广东和天津紧随其后；从五大经济区来看，珠江三角洲经济区的区域海洋创新指数得分最高，其后依次为长江三角洲经济区、环渤海经济区、海峡西岸经济区和环北部湾经济区；从三大海洋经济圈来看，我国海洋经济圈呈现北部、东部强而南部较弱的特点。

第五章　我国海洋创新能力的进步与展望。基于以上评估结果，对我国海洋创新能力和发展现状进行了综合评价，并对未来我国海洋创新的发展进行了展望。

第六章　我国海洋经济创新发展区域示范专题分析。总结了2015年我国海洋经济创新发展区域示范实施情况，对海洋经济创新发展区域示范的建设效应进行了分析。

第七章　我国海洋科技投入产出效率专题分析。以城市为基本研究单元，以海洋科技投入产出效率为研究对象，运用DEA模型，测算了全国涉海城市的投入产出效率，并开展了我国“十五”至“十三五”海洋科技投入产出效率的回顾分析和趋势预测。

第八章　国际海洋科技研究态势专题分析。从国际海洋研究规划和计划以及研究热点方向对2016年国际海洋科技研究态势进行了总结和分析。

第九章　海洋国家实验室专题分析。从海洋国家实验室体制机制创新、科研进展、科研成果、公共科研平台建设、国际交流与合作、队伍建设与人才培养、科技成果转化七个方面进行了总结和分析。

第二章　从数据看我国海洋创新

在实施海洋强国战略的背景下，我国海洋科技创新发展不断取得新的巨大成就，自主创新能力大幅提升，科技竞争力和整体实力显著增强，部分领域达到国际先进水平，获国家奖励的科技成果、论文和专利数量明显增加，海洋创新条件和环境明显改善。

本报告选取海洋创新人力资源、海洋创新国家级平台、海洋创新经费规模、海洋创新产出成果、高等学校海洋创新活动和海洋创新知识服务业6个方面的主要指标，分析我国海洋创新的发展现状。

（1）海洋创新人力资源持续优化。海洋科研机构的科技活动人员结构持续改进，R&D（Research and Development，研究与发展）人员总量、折合全时工作量稳步上升，R&D人员学历结构进一步优化，R&D人员折合全时工作量构成合理。

（2）海洋创新国家级平台逐步增加。海洋科研机构的国家（重点/工程）实验室和国家工程（研究/技术研究）中心数量显著增加，海洋科研机构的基本建设与固定资产逐年增加。

（3）海洋创新经费规模显著提升。海洋科研机构的R&D经费规模显著提升，R&D经费内部支出稳定增长。

（4）海洋创新产出成果稳步增长。海洋科研机构的海洋科技论文总量保持增长，海洋领域SCI论文发表数量大幅增长，被引用情况明显改善，海洋科技著作出版种类明显增长，专利申请量、授权量涨势强劲，发明专利所有权转让许可收入逐步提高。

（5）高等学校海洋创新活动发展良好。涉海高等学校的人员、经费、课题等方面均呈现逐年增长的态势。

（6）海洋科技对海洋经济发展贡献稳步增强。2015年海洋科技进步贡献率达到64.2%[①]，海洋科技成果转化率达到50.4%[②]，海洋科技创新促进成果转化的作用日益彰显。

① 2015年海洋科技进步贡献率是根据2006—2015年相关数据测算所得。

② 2015年海洋科技成果转化率是根据2000—2015年相关数据测算所得。

一、海洋创新人力资源结构稳定

海洋创新人力资源是建设海洋强国和创新型国家的主导力量和战略资源，海洋创新科研人员的综合素质决定了国家海洋创新能力提升的速度和幅度。海洋科研机构的科技活动人员和R&D人员是重要的海洋创新人力资源，突出反映了一个国家海洋创新人才资源的储备状况。其中，科技活动人员是指海洋科研机构中从事科技活动的人员，包括科技管理人员、课题活动人员和科技服务人员；R&D人员是指海洋科研机构本单位人员及外聘研究人员和在读研究生中参加R&D课题的人员、R&D课题管理人员和为R&D活动提供直接服务的人员。

（一）科技活动人员结构持续优化

从人员组成上看，2011—2015年，我国海洋科研机构课题活动人员（即编制在研究室或课题组的人员）在科技活动人员中占比保持在65%以上，2015年略有下降；而科技管理人员（即机构领导及业务、人事管理人员）和科技服务人员（即直接为科技工作服务的各类人员）则均在15%以下，2012年和2015年相对较高（见图2-1）。从人员学历结构上看，近5年来，我国海洋科研机构科技活动人员中博士、硕士毕业生占比总体呈增长态势。2015年博士、硕士毕业生分别占科技活动人员总量的23.35%和32.14%，均比2014年有所提升（见图2-2）。从人员职称结构上看，近5年来，我国海洋科研机构科技活动人员中高级、中级职称人员占比保持在初级职称人员占比的2倍左右。2015年高级、中级职称人员分别占科技活动人员总量的39.63%和33.31%（见图2-3）。

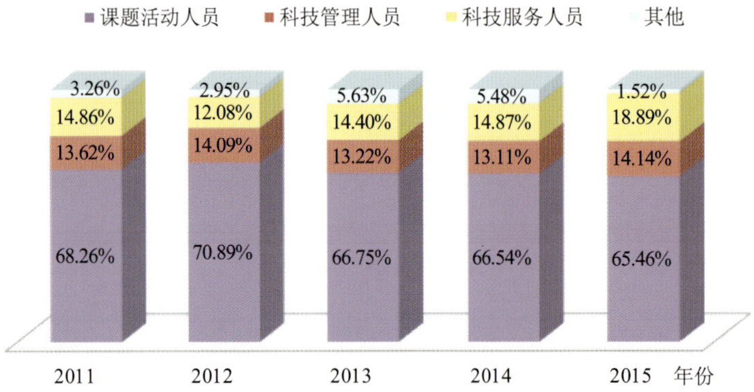

图2-1　2011—2015年海洋科研机构科技活动人员构成

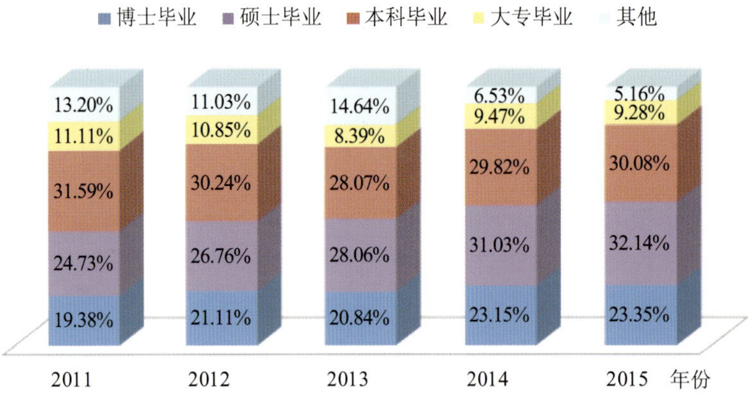

图2-2　2011—2015年海洋科研机构科技活动人员学历结构

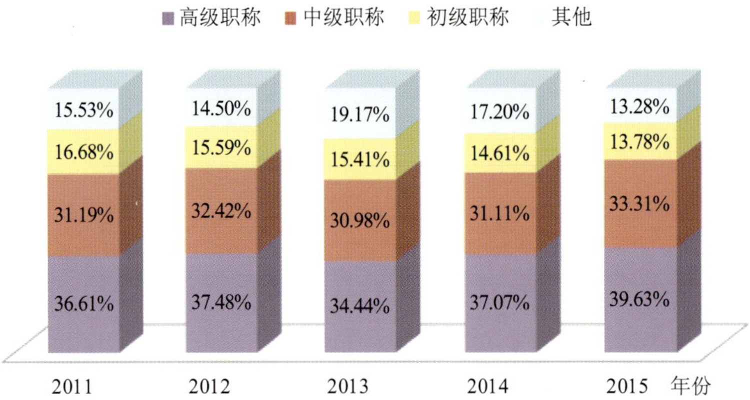

图2-3　2011—2015年海洋科研机构科技活动人员职称结构

（二）R&D 人员总量、折合全时工作量稳中有升

我国海洋科研机构的R&D人员总量和折合全时工作量总体呈现稳步上升态势（见图2-4）。2001—2006年期间，R&D人员总量和折合全时工作量增长相对较缓；2006—2007年，二者均涨势迅猛，增长率分别为115.91%和88.25%；2008—2009年，二者再次出现大幅增长，增长率分别为49.62%和55.18%；2009—2014年，二者又恢复稳步增长态势。2015年与2014年相比，二者均略有下降。

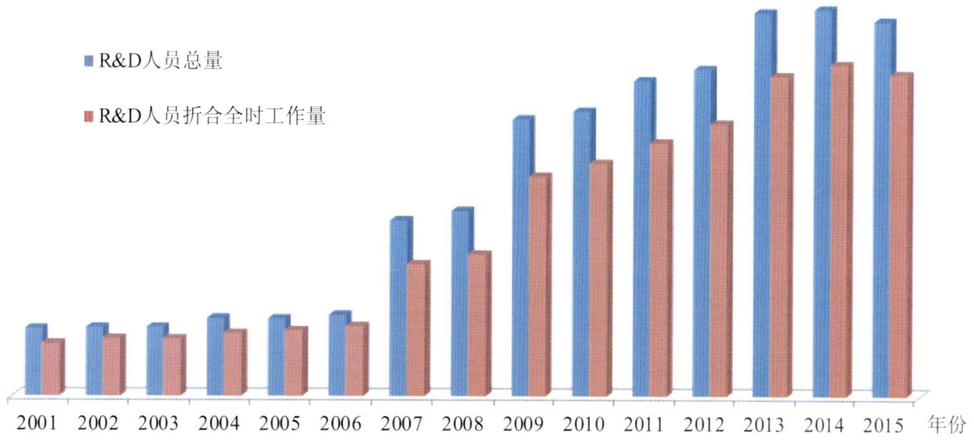

图2-4　2001—2015年海洋科研机构R&D人员总量（人）、折合全时工作量（人·年）增长趋势

（三）R&D 人员学历结构进一步优化

近5年来，我国海洋科研机构R&D人员中博士毕业生数量保持增长，占比呈波动上升趋势，硕士毕业生数量和占比均持续增长，2015年博士和硕士毕业生分别占R&D人员总量的29.47%和34.04%（见图2-5）。其中，博士毕业生占比2015年最高，达到29.47%，相比2011年增长3.49个百分点；硕士毕业生占比连续5年保持稳步增长态势，2015年相比2011年增长6.40个百分点。

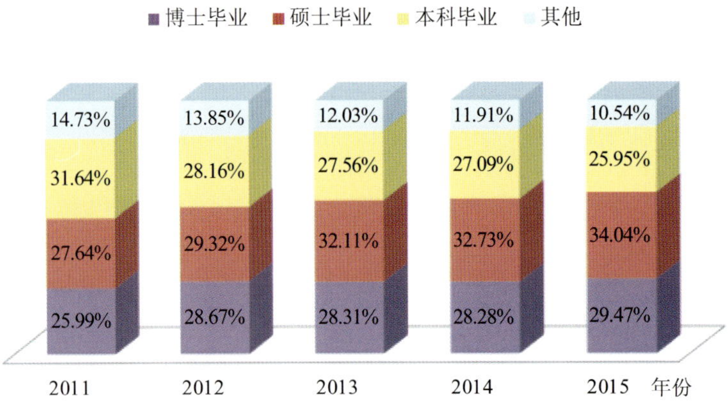

图2-5　2011—2015年海洋科研机构R&D人员学历结构

（四）R&D 人员折合全时工作量构成合理

R&D人员折合全时工作量由研究人员、技术人员和其他辅助人员的折合全时工作量构成，其中，研究人员是指从事新知识、新产品、新工艺、新方法、新系统的构想或创造的专业人员及R&D课题的高级管理人员；技术人员通常是在研究人员的指导下参加R&D课题，应用有关原理和操作方法执行R&D任务，其活动包括进行文献检索、编制计算机程序等；其他辅助人员是指参加R&D课题或直接协助这些课题的秘书和办事人员、行政管理人员等。近5年来，我国海洋科研机构R&D人员折合全时工作量构成基本稳定，趋于合理发展态势，其中，研究人员进行的工作量保持在60%以上，2015年研究人员折合全时工作量占比为60.51%（见图2-6）。

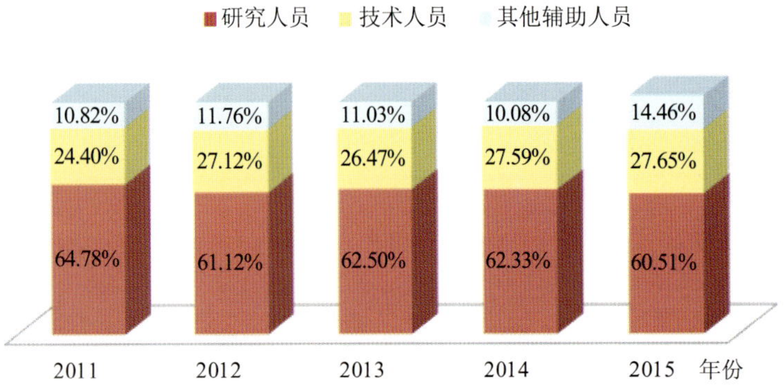

图2-6　2011—2015年海洋科研机构R&D人员折合全时工作量构成

二、海洋创新平台环境逐渐改善

（一）海洋科研机构的国家（重点/工程）实验室和国家工程（研究/技术研究）中心有所增多

2002—2015年，国家（重点/工程）实验室和国家工程（研究/技术研究）中心历年数量总体呈现增长态势，国家（重点/工程）实验室个数在2010年达到最大值，国家工程中心个数在2013—2015年间维持最大值（见图2-7）。

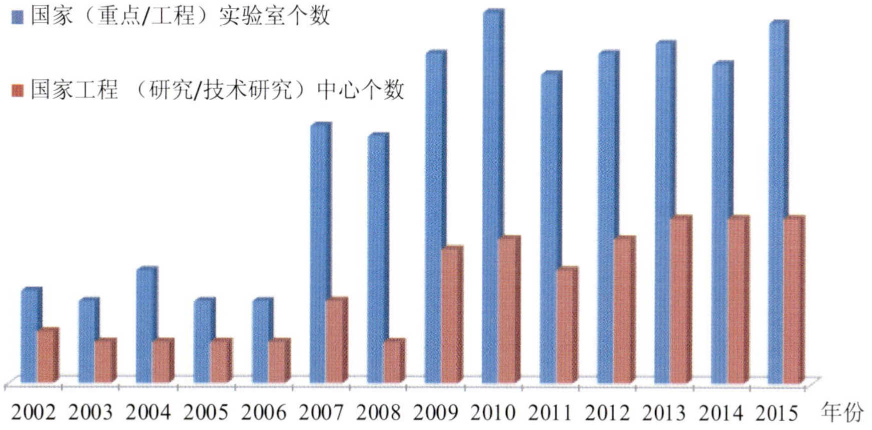

图2-7　2002—2015年海洋科研机构国家（重点/工程）实验室和工程（研究/技术研究）中心数量（个）趋势

（二）基本建设投资实际完成额保持增长

基本建设投资实际完成额指本机构在当年完成的用货币表示的基本建设工作量，按用途分为科研仪器设备、科研土建工程、生产经营土建与设备和生活土建与设备。基本建设投资科研仪器设备指在基本建设投资的实际完成额中购置的科研仪器设备总值。基本建设投资科研土建工程指在基本建设投资的实际完成额中完成的科研土建工作量（如科研楼、试验用房等）。2001—2015年，我国海洋科研机构的基本建设投资实际完成额呈增长态势（见图2-8），2009年增长最为迅猛，年增长率达到307.77%，2015年是2001年的32倍。从用途分类来看，2002—2015年基本建设投资实际完成额主要用于科研土建工程和科研仪器设备（见图2-9），2015年占比分别为67.11%和31.84%。

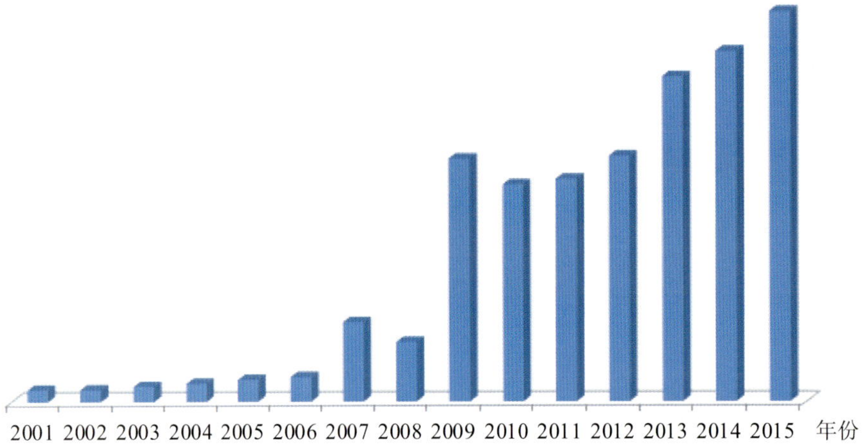

图2-8　2001—2015年海洋科研机构基本建设投资实际完成额（千元）增长趋势

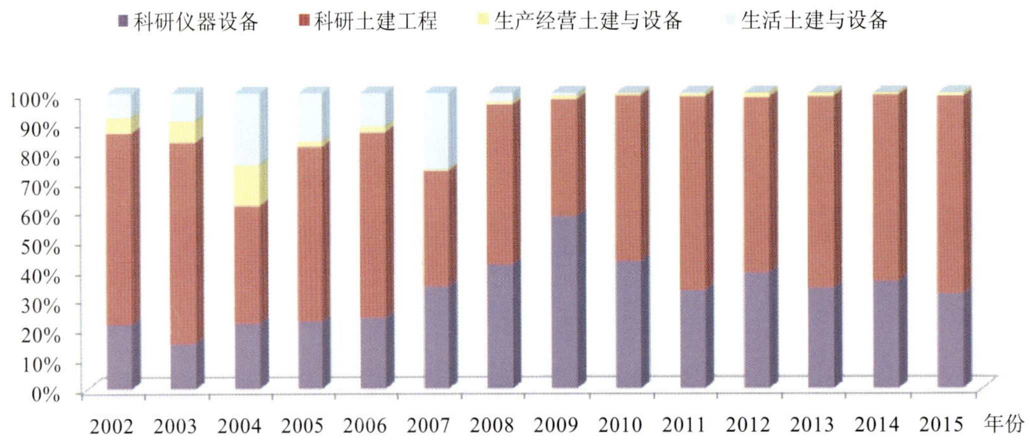

图2-9　2001—2015年海洋科研机构基本建设投资实际完成额构成

（三）固定资产和科学仪器设备逐年递增

固定资产指能在较长时间内使用，消耗其价值，但能保持原有实物形态的设施和设备，如房屋和建筑物等。作为固定资产应同时具备两个条件，即耐用年限在一年以上，单位价值在规定标准以上的财产、物资。2001—2015年，我国海洋科研机构的固定资产原价持续增长（见图2-10），年均增速为28.88%。固定资产中科学仪器设备指从事科技活动的人员直接使用的科研仪器设备，不包括与基建配套的各种动力设备、机械设备、辅助设备，也不包括一般运输工具（科学考察用交通运输工具除外）和专用于生产的仪器设备。2001—2015年，我国海洋科研机构固定资产原价中科学仪器设备部分同样保持增长态势（见图2-10），年均增速为34.64%。

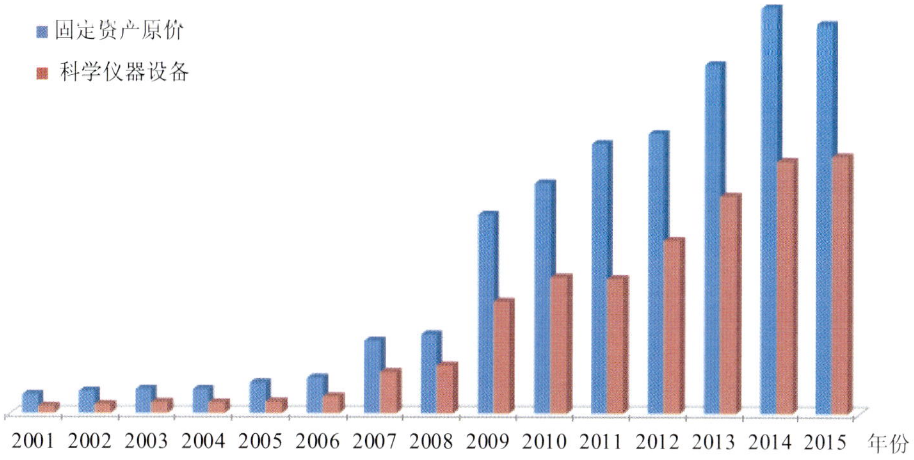

图2-10 2001—2015年海洋科研机构固定资产原价（千元）和其中科学仪器设备（千元）增长趋势

三、海洋创新经费规模显著提升

R&D活动是创新活动最为核心的组成部分，不仅是知识创造和自主创新能力的源泉，也是全球化环境下吸纳新知识和新技术的能力基础，更是反映科技经济协调发展和衡量经济增长质量的重要指标。海洋科研机构的R&D经费是重要的海洋创新经费，能够有效反映国家海洋创新活动规模，客观评价国家海洋科技实力和创新能力。

（一）R&D 经费规模快速提升

进入21世纪以来，我国海洋科研机构的R&D经费支出总体保持增长态势。2009年是该指标迅猛增长的一年，年增长率达到106.46%；2001—2015年期间年均增速达到32.16%。R&D经费占全国海洋生产总值的比重通常作为国家海洋科研经费投入强度指标，反映国家海洋创新资金投入强度。2001—2015年期间，该指标整体呈现增长态势，年均增速为15.34%；2015年较2014年略有下降（见图2-11）。

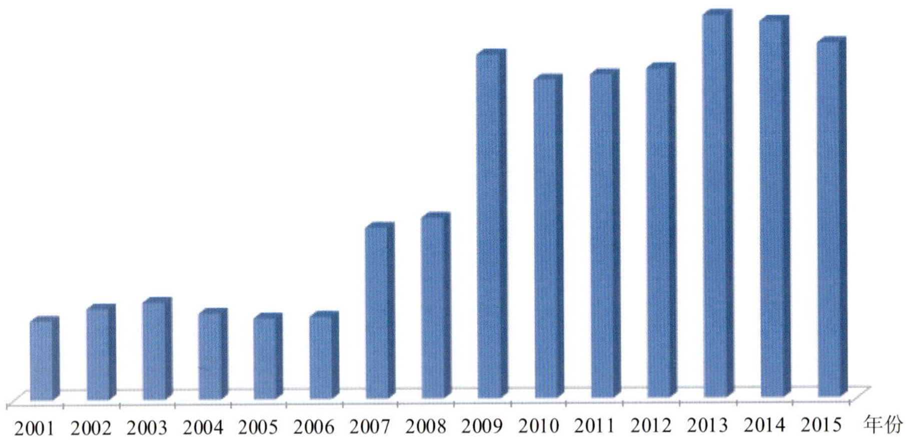

图2-11　2001—2015年R&D经费占海洋生产总值比重增长趋势

（二）R&D 经费内部支出稳定增长

R&D经费内部支出指当年为进行R&D活动而实际用于机构内的全部支出，包括R&D经费支出和R&D基本建设费。2001—2015年，R&D基本建设费在R&D经费内部支出中的比例逐渐上升，占比从2001年的5.28%上升到2015年的16.35%，体现出我国对基建投资重视程度的提高（见图2-12）。

从费用类别来看，R&D经费支出包括人员费用（含工资）、设备购置费和其他日常支出（包括业务费和管理费），R&D基本建设费包括仪器设备费和土建费。其中，2001—2015年期间，R&D经费中其他日常支出占比保持在50%以上，人员费用和设备购置费占比小幅下降（见图2-13），2015年，人员费用和设备购置费占R&D经费支出的比重分别为31.23%和12.27%，其他日常支出占比为56.51%；2001—2015年期间，R&D基本建设费构成呈波动趋势，其中，除2007年和2009年土建费占比小于仪器设备费外，其他年份均超过仪器设备费（图2-14）。

从活动类型来看，2001—2015年，R&D经费支出中用于基础研究的经费占比总体上变动不大（见图2-15），用于应用研究的经费占比从2001年的47.17%下降至2015年的37.41%，用于试验发展的经费占比从2001年的29.26%上升至2015年的36.86%。从经费来源来看，2001—2015年期间，R&D经费内部支出主要来源于政府资金和企业资金，且政府资金占比在逐渐下降（见图2-16），同时企业资金占比在上升，2015年，政府资金和企业资金占比分别为71.03%和18.03%。

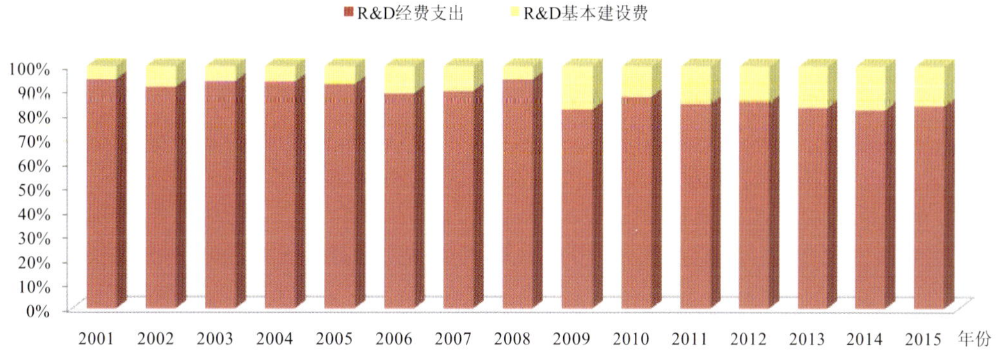

图2-12　2001—2015年R&D经费内部支出构成

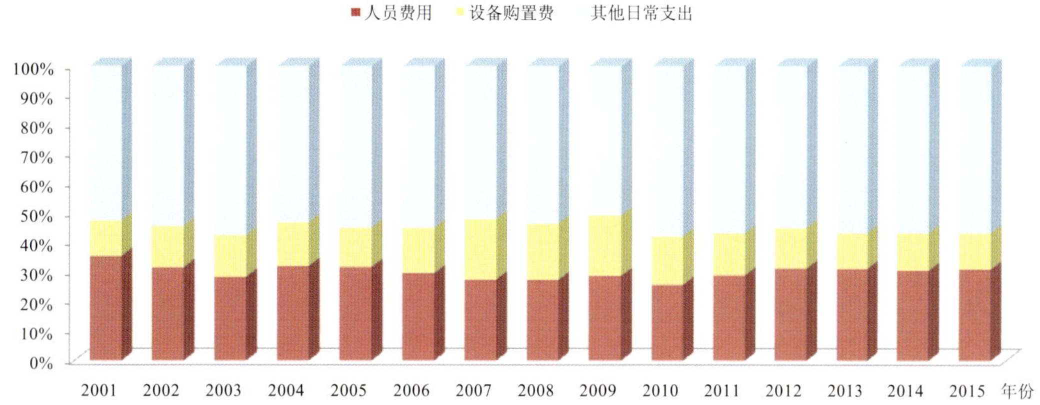

图2-13　2001—2015年R&D经费支出构成（按费用类别）

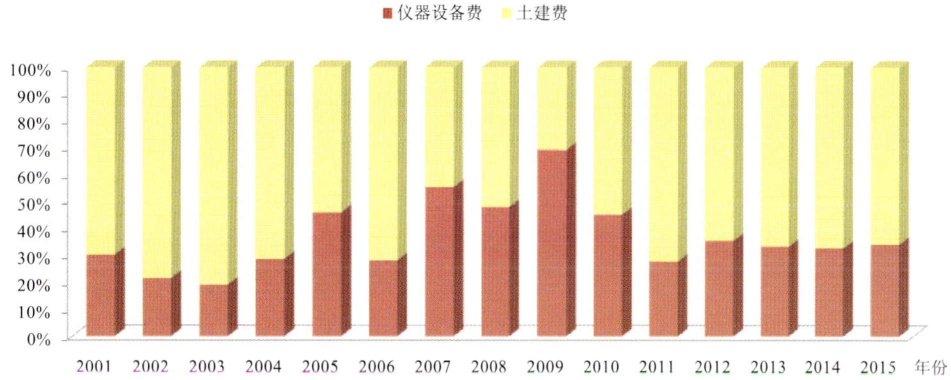

图2-14　2001—2015年R&D基本建设费构成（按费用类别）

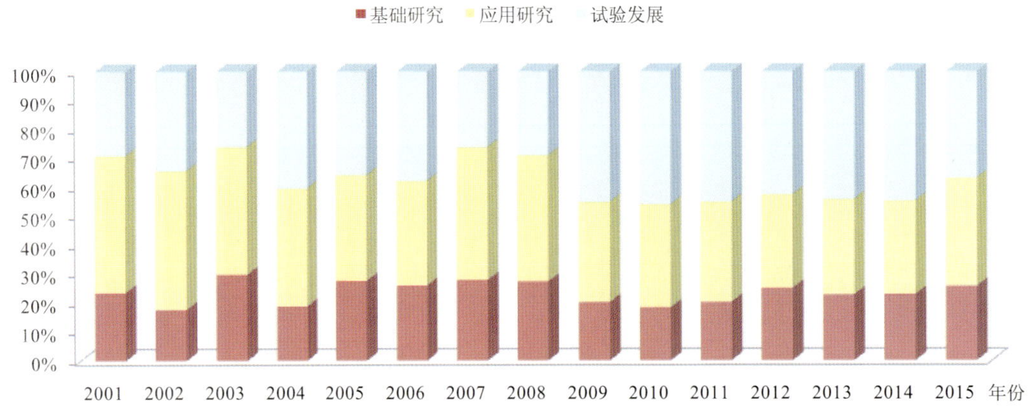

图2-15　2001—2015年R&D经费支出构成（按活动类型）

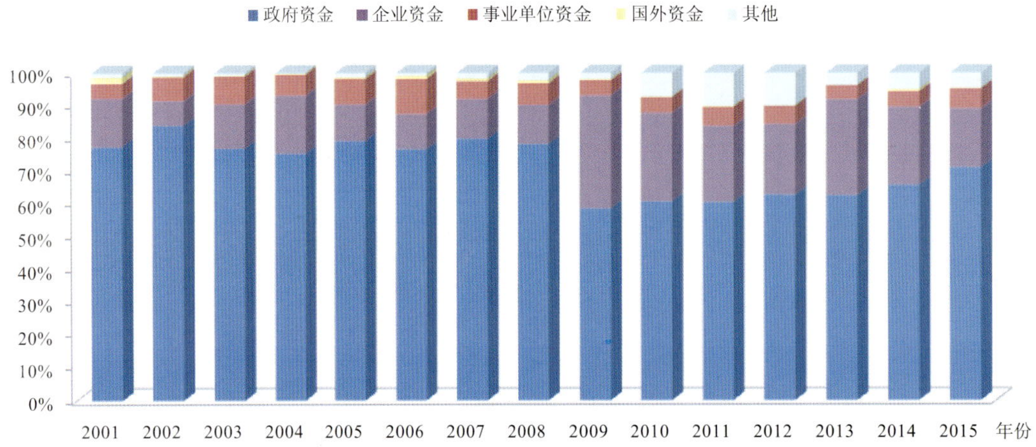

图2-16　2001—2015年R&D经费内部支出构成（按经费来源）

四、海洋创新产出成果持续增长

知识创新是国家竞争力的核心要素。创新产出是指科学研究与技术创新活动所产生的各种形式的中间成果，是科技创新水平和能力的重要体现。论文、著作的数量和质量能够反映海洋科技原始创新能力，专利申请量和授权量等情况则更加直接地反映了海洋创新程度和技术创新水平。较高的海洋知识传播与应用能力是创新型海洋强国的共同特征之一。

（一）海洋科技论文总量保持稳定增长态势

2001—2015年，我国海洋领域科技论文总量持续增长（见图2-17），2015年论文发表数量是2001年的3.84倍，年均增长率为10.29%。具体来看，CSCD论文呈现波动上升趋势，存在明显论文发表数量转折年份，2005年、2008年、2012年度论文发表数量增量有所减少；海洋领域SCI论文发表数量飞速增长，尤其是"十二五"（2011—2015年）期间我国提出"建设海洋强国"战略以来，我国在国际上发表论文的数量呈现明显的增长趋势。

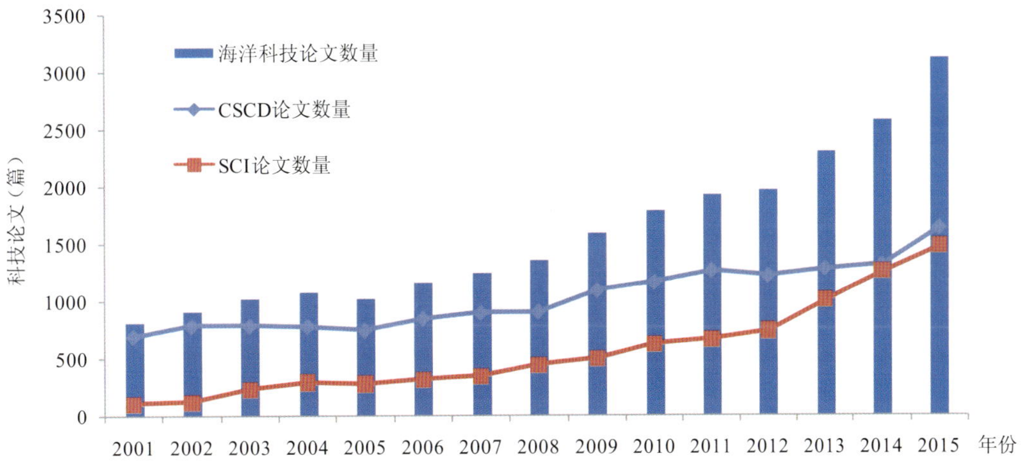

图2-17　2001—2015年我国海洋科技论文发表数量年度变化

从每年科技论文数量的增长率来看，海洋学领域CSCD论文除2004年、2005年、2012年外，其他年份的论文均呈增长趋势，其中2015年增长率最大；除2005年外，海洋学领域SCI论文每年发文量均呈增长趋势，其论文发表数量的最大增长率也是出现在2015年（见表2-1）。

表2-1 2001—2015年我国海洋科技论文发表数量及每年增长率分析

单位：篇

年份	CSCD论文数量	SCI论文数量	海洋科技论文数量	年增率	
				中文	英文
2001	701	112	813		
2002	791	126	917	13%	13%
2003	792	233	1025	0%	12%
2004	787	298	1085	−1%	6%
2005	751	282	1033	−5%	−5%
2006	856	316	1172	14%	13%
2007	902	351	1253	5%	7%
2008	913	447	1360	1%	9%
2009	1096	503	1599	20%	18%
2010	1167	625	1792	6%	12%
2011	1268	669	1937	9%	8%
2012	1225	744	1969	−3%	2%
2013	1287	1014	2301	5%	17%
2014	1316	1261	2577	2%	12%
2015	1640	1485	3125	25%	21%

（二）我国海洋学 SCI 论文量质齐升

2001—2015年我国海洋学SCI发文量呈现明显增长趋势，尤其是在2012年之后，呈现快速增长趋势（见图2-18），2015年发文量为1485篇，是2001年的13.26倍，年均增长率为21.71%；在国际海洋学论文中所占比例呈现持续增长趋势（见图2-19），由2001年的2.16%增长至2015年的20.75%，同时我国第一国家论文比例呈现增长趋势，其中2011—2015年SCI论文的第一国家发文数量呈现明显的线性增长趋势（见图2-20），2015年增长率达90.57%。在国外发表的科技论文增长较快，充分说明我国海洋学论文正在逐步扩大其影响力，得到广泛的国际认可。海洋学SCI论文发表数量飞速增长，远高于世界海洋学SCI论文增长速度，这一方面与我国起点较低有关，另一方面也充分表明我国近年来在海洋领域的创新和发展能力在不断增强。

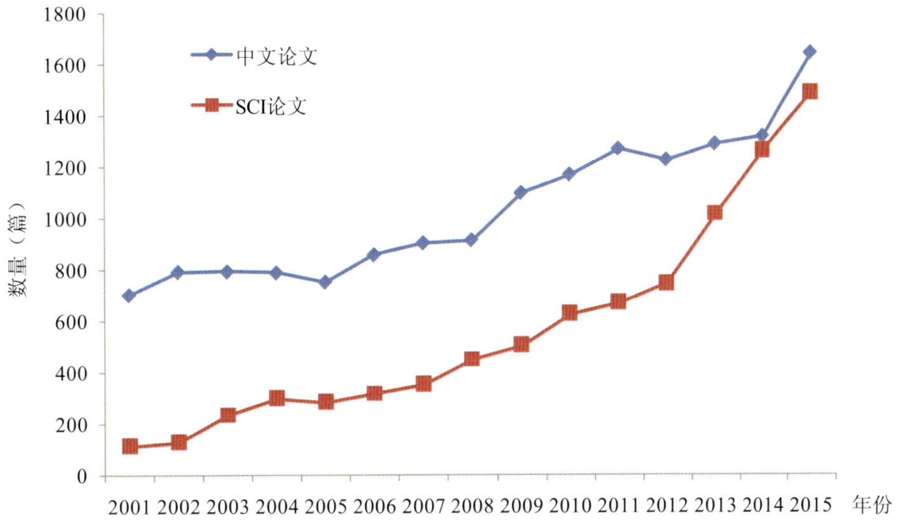

图2-18 2001—2015年我国海洋学SCI论文与CSCD收录海洋学中文论文数量（篇）增长趋势

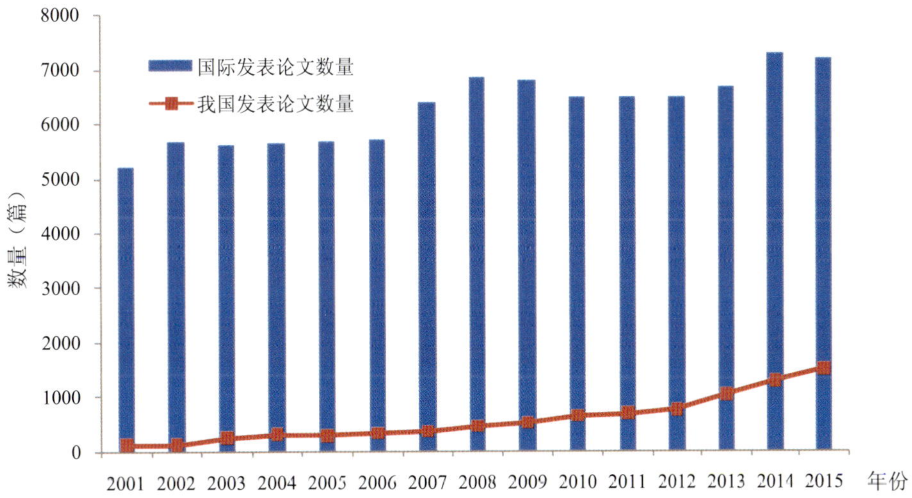

图2-19 2001—2015年我国与国际海洋学SCI论文发表数量（篇）增长趋势

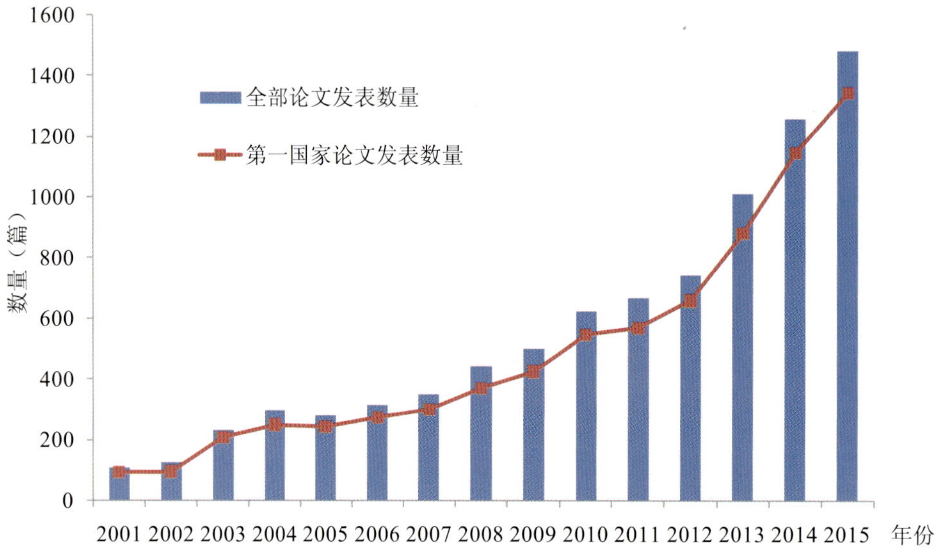

图2-20　2001—2015年我国海洋学SCI论文全部论文与第一国家论文数量（篇）增长趋势

从海洋学SCI引用次数来看，2001—2015年我国海洋学SCI论文的总被引用次数为62869次，其中他引次数为61870次，篇均被引用次数最高的年份为2002年，篇均被引次数为26.54次，篇均他引次数为26.47次；年度发文被引次数呈先上升后下降的趋势，其中2010年被引次数最高；此外2002—2010年SCI论文的*H*指数[①]均在30以上，其中2004年最高为39（见表2-2，图2-21）。海洋SCI论文的年均被引用次数呈现上升趋势，说明我国海洋学仍然是热点研究学科（见图2-22）。

表2-2　2001—2015年我国海洋学SCI论文*H*指数及年度发文被引情况

年份	总被引次数（次）	*H*指数	排除自引的他引次数（次）	发文量（篇）	篇均被引次数（次）	篇均他引次数（次）
2001	1834	24	1829	112	16.38	16.33
2002	3344	30	3335	126	26.54	26.47
2003	3765	31	3750	233	16.16	16.09

① *H*指数为一种学术成就评价的新方法。本报告中，*H*指数为每一年发表的论文至少有*H*篇论文其被引频次不低于*H*次，用以评价海洋学每年发表的相关论文的影响力。

续表2-2

年份	总被引次数（次）	H指数	排除自引的他引次数（次）	发文量（篇）	篇均被引次数（次）	篇均他引次数（次）
2004	5186	39	5152	298	17.40	17.29
2005	3786	30	3770	282	13.43	13.37
2006	4763	37	4727	316	15.07	14.96
2007	4756	36	4736	351	13.55	13.49
2008	5267	34	5245	447	11.78	11.73
2009	4971	35	4946	503	9.88	9.83
2010	5951	32	5924	625	9.52	9.48
2011	5079	27	5010	669	7.59	7.49
2012	4328	24	4278	744	5.82	5.75
2013	4410	21	4304	1014	4.35	4.24
2014	3357	16	3279	1261	2.66	2.60
2015	2072	10	1585	1485	1.40	1.07

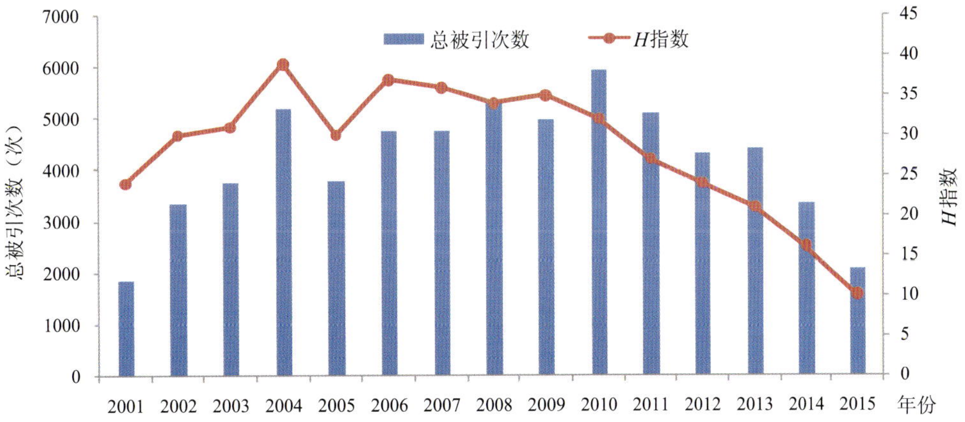

图2-21　2001—2015年我国海洋学发表SCI论文的年度发文总被引次数及H指数

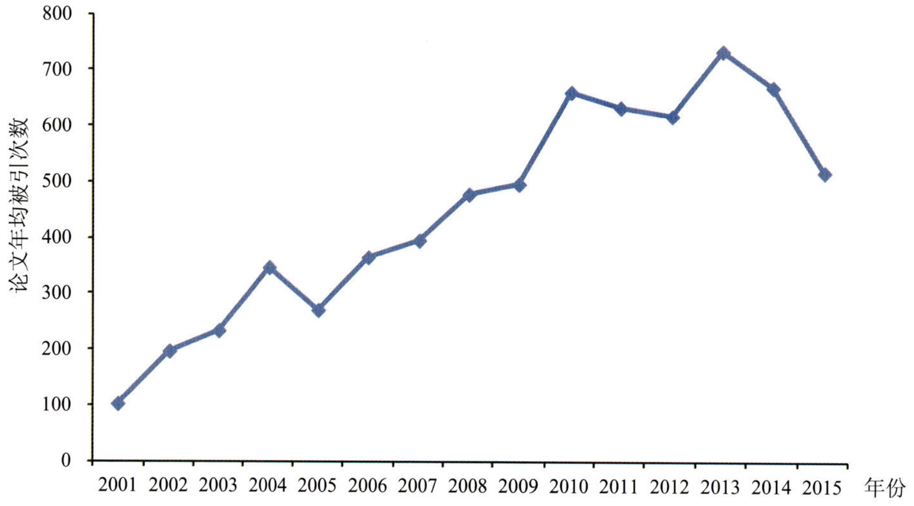

图2-22　2001—2015年我国海洋学年度发表SCI论文的年均被引用次数

我国海洋学论文发表期刊分布并不均匀，在国内3大SCI期刊《ACTA OCEANOLOGICA SINICA》、《CHINESE JOURNAL OF OCEANOLOGY AND LIMNOLOGY》、《JOURNAL OF OCEAN UNIVERSITY OF CHINA》发表文章数量占全部论文数量的49%，在影响因子大于2的期刊上合计发表论文1628篇，占全部论文数量的25%（见表2-3）。从我国发表SCI论文发文量大于等于100篇期刊所在分区的占比情况来看，一区发文量占比为27%，二区发文量占比为14%（见图2-23），表明我国海洋学领域的高水平论文占比较高，科研水平相对较高。

表2-3　2001—2015年我国发表论文数量前20期刊发文数量、影响因子及分区

期刊	影响因子	分区	发表论文数量（篇）
ACTA OCEANOLOGICA SINICA	0.631	Q4	1309
CHINESE JOURNAL OF OCEANOLOGY AND LIMNOLOGY	0.547	Q4	1059
CHINA OCEAN ENGINEERING	0.435	Q4	809
OCEAN ENGINEERING	1.488	Q1	535
JOURNAL OF GEOPHYSICAL RESEARCH-OCEANS	3.318	Q1	445
JOURNAL OF OCEAN UNIVERSITY OF CHINA	0.509	Q4	424

续表2-3

期刊	影响因子	分区	发表论文数量（篇）
ESTUARINE COASTAL AND SHELF SCIENCE	2.335	Q1	284
CONTINENTAL SHELF RESEARCH	2.011	Q2	276
MARINE ECOLOGY PROGRESS SERIES	2.011	Q2	157
JOURNAL OF NAVIGATION	1.267	Q1	147
TERRESTRIAL ATMOSPHERIC AND OCEANIC SCIENCES	0.556	Q4	130
APPLIED OCEAN RESEARCH	1.382	Q2	126
JOURNAL OF OCEANOGRAPHY	1.27	Q3	120
MARINE GEOLOGY	2.503	Q1	119
MARINE GEORESOURCES & GEOTECHNOLOGY	0.761	Q2	118
JOURNAL OF ATMOSPHERIC AND OCEANIC TECHNOLOGY	2.159	Q1	117
DEEP-SEA RESEARCH PART II-TOPICAL STUDIES IN OCEANOGRAPHY	2.137	Q2	116
MARINE CHEMISTRY	3.412	Q2	110
JOURNAL OF MARINE SYSTEMS	2.174	Q1	104

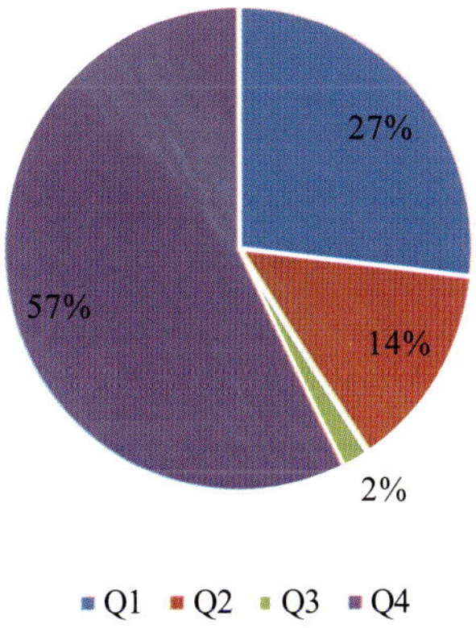

图2-23　2001—2015年我国发表SCI论文发文量大于等于100篇期刊所在分区

以中国科学引文数据库为数据源，检索到2001—2015年海洋学研究论文15492篇论文。2001—2015年发文量超过1000篇的期刊为《海洋学报》和《海洋地质与第四纪地质》。中文发文量在30篇以上的发文学科主要集中在23个学科，发文量在百篇以上的为地质学、大气科学、自动化技术、环境科学基础理论、地球物理学及环境污染及其防治等学科领域（见表2-4）。

表2-4　2001—2015年海洋科技CSCD论文的主要发文期刊及发文的学科类别

单位：篇

期刊名称	发文数量	学科类别	发文数量
海洋学报	1088	地质学	422
海洋地质与第四纪地质	1068	大气科学（气象学）	247
CHINESE JOURNAL OF OCEANOLOGY AND LIMNOLOGY	865	自动化技术、计算机技术	182
海洋科学	842	环境科学基础理论	148
海洋通报	777	地球物理学	104
热带海洋学报	767	环境污染及其防治	102
ACTA OCEANOLOGICA SINICA	684	普通生物学	94
海洋工程	644	力学	92
中国海洋大学学报.自然科学版	543	水利工程	89
海洋环境科学	524	自然地理学	80
海洋科学进展	497	测绘学	71
海洋与湖沼	426	化学工业	65
台湾海峡	399	水产、渔业	62
地球科学进展	314	化学	58
海洋湖沼通报	288	水路运输	56
水处理技术	238	社会科学总论	52
应用海洋学学报	207	环境质量评价与环境监测	51
科学通报	192	石油、天然气工业	47
湖泊科学	189	物理学	44
第四纪研究	138	数学	42
地球物理学进展	137	建筑科学	35
地球物理学报	137	能源与动力工程	30

从与其他国家和中国台湾省的合作来看，海洋学SCI论文合作发表超过5篇的国家或地区有38个，其中合作次数排名前五的是美国、英国、日本、澳大利亚和加拿大（见图2-24）。

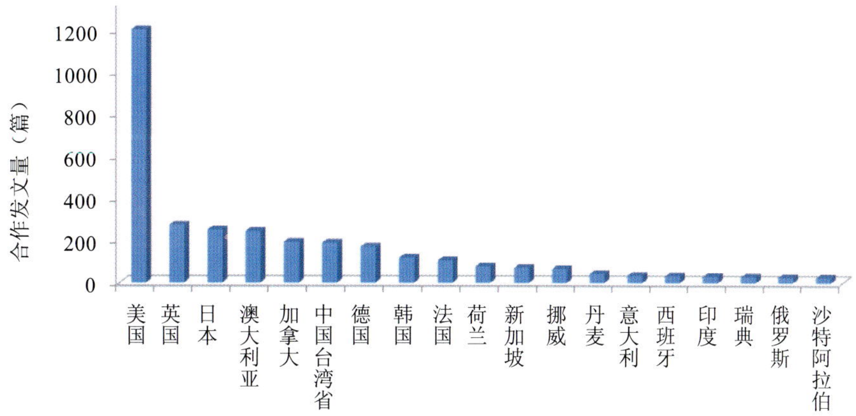

图2-24　海洋学SCI论文合作关系

（三）海洋科技著作出版种类明显增长

2001—2015年期间我国海洋科研机构的海洋科技著作出版种类总体呈现增长态势（见图2-25），年均增速为19.10%，其中2013年数量最多。2001—2005年海洋科技著作出版种类处于稳定增长阶段，平均增速为7.93%；2006—2007年与2008—2009年海洋科技著作出版种类快速增长，增速分别为102.86%与78.57%；2010年以后海洋科技著作出版种类年均增速为9.06%。

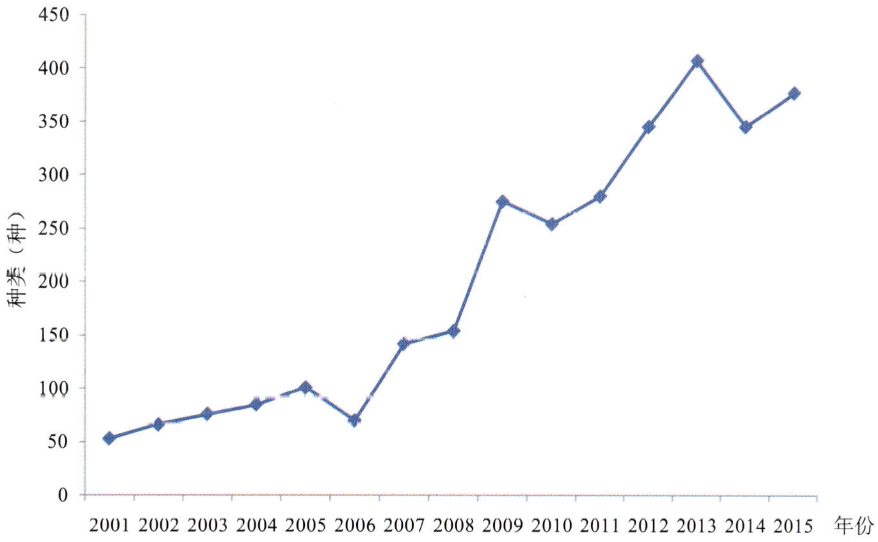

图2-25　2001—2015年我国海洋科技著作出版种类增长趋势

（四）海洋领域专利申请量涨势强劲

我国海洋领域专利申请数量逐年增长，已由2001年的248件增加至2015年的4333件，数量已扩大到17倍，主要分为两个阶段。第一阶段：2006年以前，稳步发展，年增长数量波动不大；第二阶段：2007年以后，增速显著，专利数量增长保持在年增长20%以上，迎来了飞速发展期（见图2-26）。

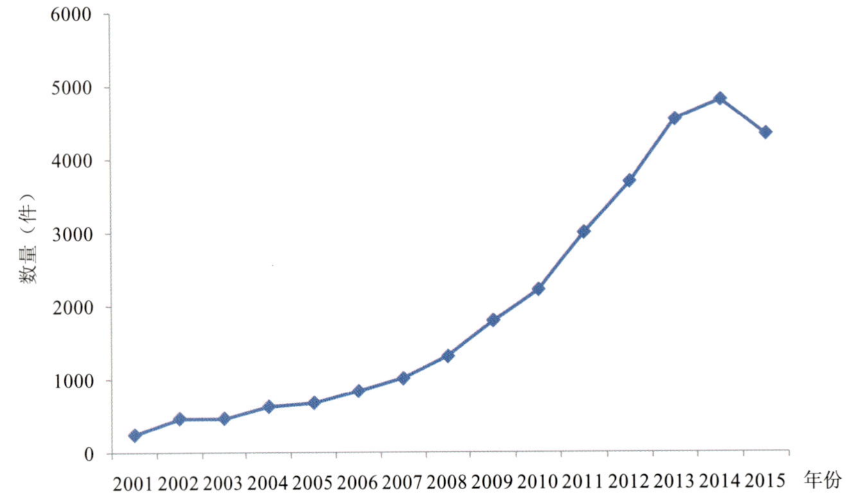

图2-26　2001—2015年我国海洋领域专利申请数量增长趋势

在专利申请数量不断增加的基础上，有效专利数量（包括审中专利和授权专利）占到64.5%，未缴专利占20.8%（见图2-27）。

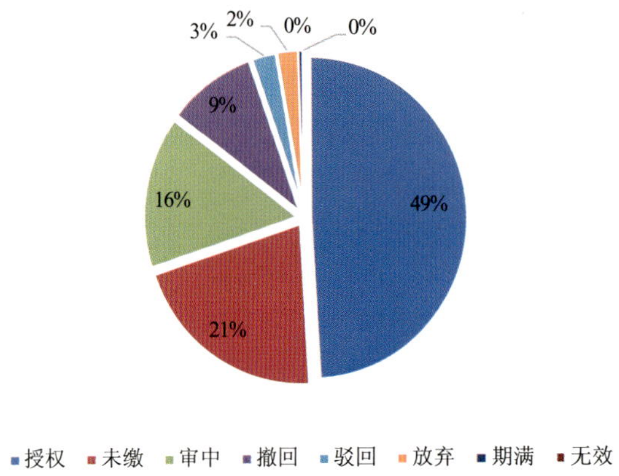

图2-27　2001—2015年我国海洋领域专利法律状态

我国海洋领域专利类型中，发明专利占60%以上（见图2-28），从侧面反映了我国目前海洋领域技术创新潜力较大，实用新型专利和外观设计专利占比偏少，某种程度表明我国海洋领域成熟产品数量较少。

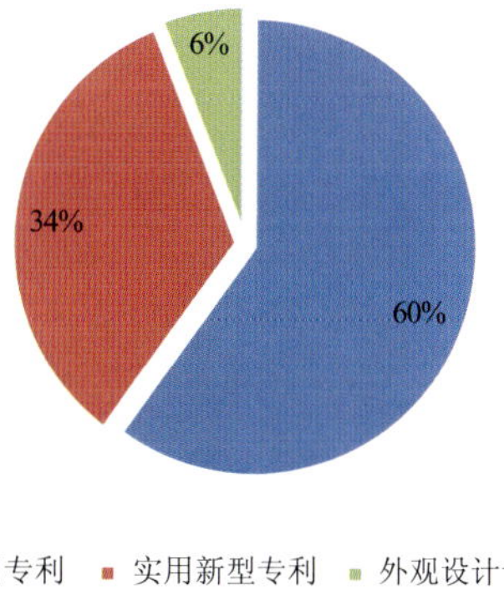

图2-28　2001—2015年我国海洋领域专利类型比例

我国海洋领域专利类型中，外观设计专利增长变化不大，发明专利和实用新型专利增长迅速（见图2-29）。

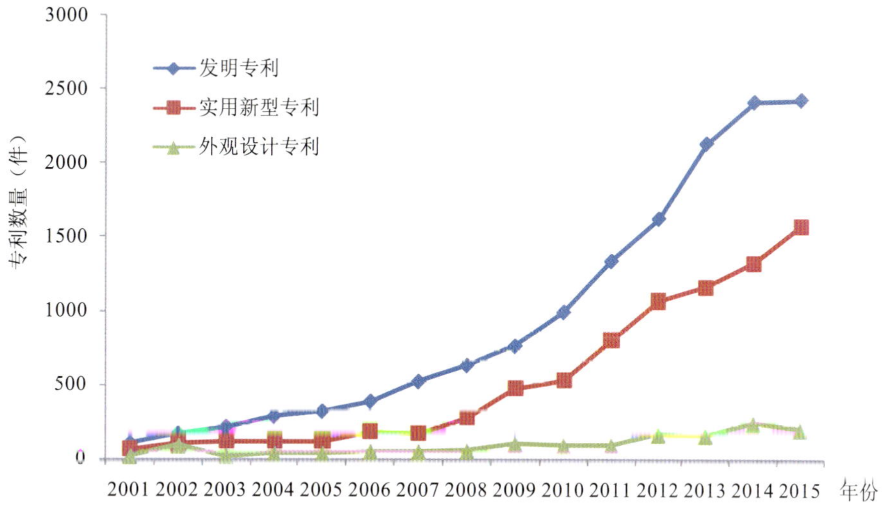

图2-29　2001—2015年我国海洋领域专利各类型增长趋势

获得我国海洋领域专利主要申请机构的前15位中，企业有3家（均为中国海洋石油集团子公司），大学有9家，研究机构有3家（见图2-30）。

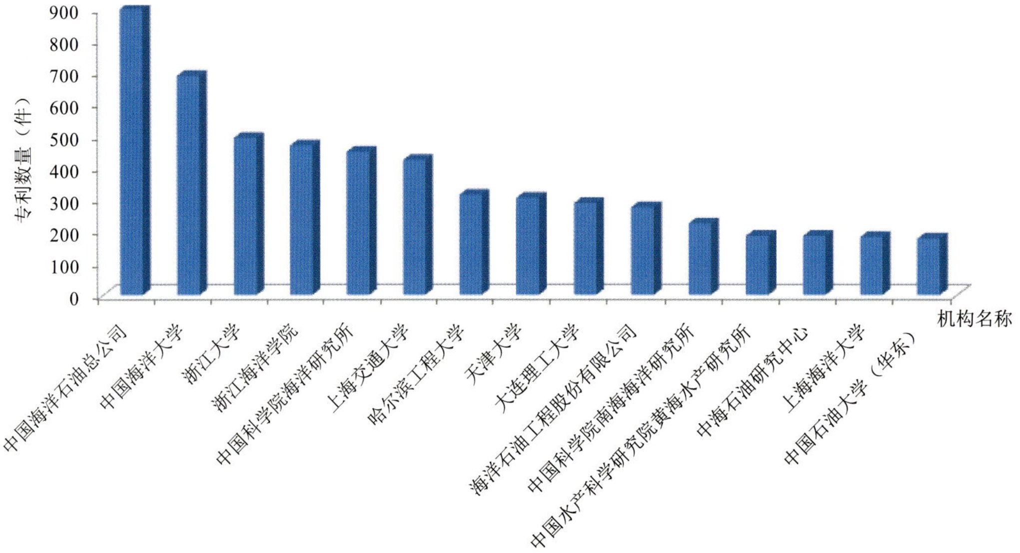

图2-30　2001—2015年我国海洋领域专利主要申请机构

申请数量位于前15位的专利申请人中，专利活动年期大部分都在10年以上，平均专利年龄大部分都在5年以上（见表2-5），平均每件专利发明人数1.58人，中国海洋石油总公司达到2.48人。

表2-5　申请人综合指标

申请人	专利件数（件）	所占百分比（%）	申请人研发能力比较		
			活动年期（年）	发明人数（人）	平均专利年龄（年）
中国海洋石油总公司	936	3.12	13	2323	5.1
中国海洋大学	690	2.30	14	892	6.8
浙江大学	494	1.65	14	600	6.6
浙江海洋学院	470	1.57	10	412	4.3
中国科学院海洋研究所	450	1.50	15	417	6.8
上海交通大学	424	1.41	15	408	7.3
哈尔滨工程大学	315	1.05	14	620	4.9
天津大学	305	1.02	15	411	5.3

续表2-5

申请人	专利件数（件）	所占百分比（%）	申请人研发能力比较		
			活动年期（年）	发明人数（人）	平均专利年龄（年）
大连理工大学	289	0.96	14	402	5.0
海洋石油工程股份有限公司	276	0.92	11	949	4.9
中国科学院南海海洋研究所	224	0.75	14	229	6.2
中国水产科学研究院黄海水产研究所	185	0.62	14	222	5.9
中海石油研究中心	185	0.62	8	305	7.4
上海海洋大学	182	0.61	7	378	4.9
中国石油大学（华东）	177	0.59	11	347	3.6

申请数量位于前15位的专利申请人专利类型中，发明专利较多，外观设计专利仅有哈尔滨工程大学1件（见图2-31）。

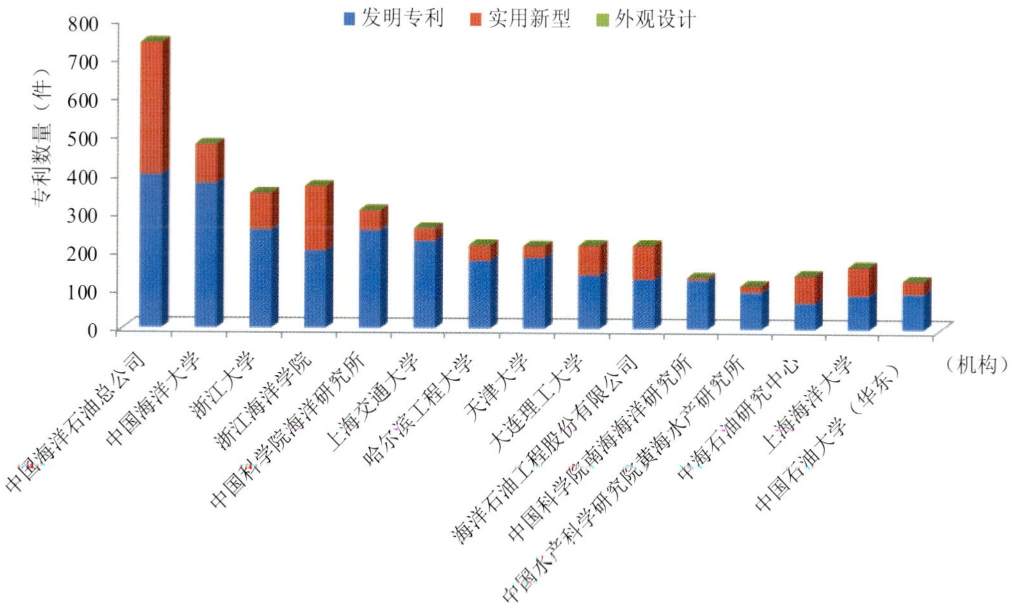

图2-31　2001—2015年我国海洋领域专利主要申请机构专利类型

我国海洋领域专利主要申请省份中，山东因其拥有较多的涉海科研机构与大学，占据首位；北京位列第四；福建申请专利的数量相对较少（见图2-32）。

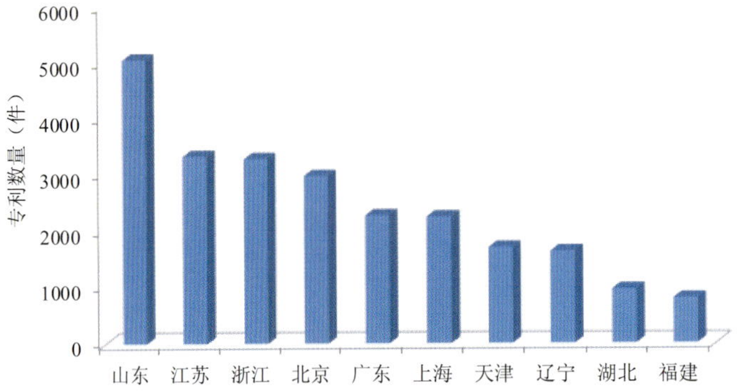

图2-32　2001—2015年我国海洋领域专利主要申请省份（直辖市）

从主要申请省份（直辖市）的申请专利类型来看，浙江、江苏和广东外观设计专利居多，各省份发明专利和实用新型专利比例相当（见图2-33）。

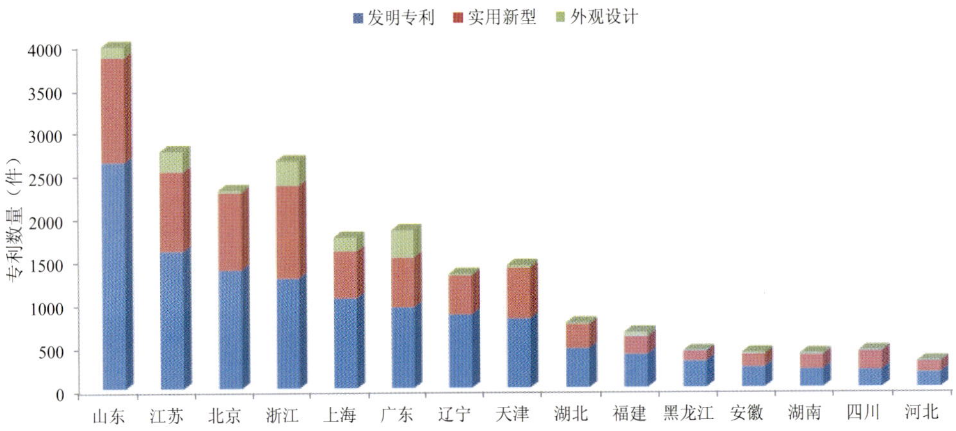

图2-33　2001—2015年我国海洋领域专利主要申请省份（直辖市）专利类型

中国海洋领域专利出现频次较高的15类专利依次为：C02F（污水、污泥污染处理）、G01N（借助测定材料的化学或者物理性质来测试或分析材料）、A01K（鱼类管理；养殖）、B63B（船舶或其他水上船只；船用设备）、F03B（液力机械或液力发动机）、E21B（土层或岩石的钻进）、A61K（医学用配置品）、C09D（涂料组合物，例如色漆、清漆或天然漆；填充浆料；化学涂料或油墨的去除剂；油墨；改正液；木材着色剂；用于着色或印刷的浆料或固体；原料为此的应用）、A61P（化合物或药物制剂的治疗活性）、C12N（微生物或酶）、E02B（碾磨谷物的准备；靠加工表壳将谷粒精制为商品）、C12R（与涉及微生物之C12C至C12Q或C12S小类相关的引得表）、B01D（分离）、F16L（管子；管接头或管件；管子、电缆或护管的支撑；一般的绝热方法）、E02D（基础；挖方；填方；地下或水下结构物）（见图2-34和图2-35）。

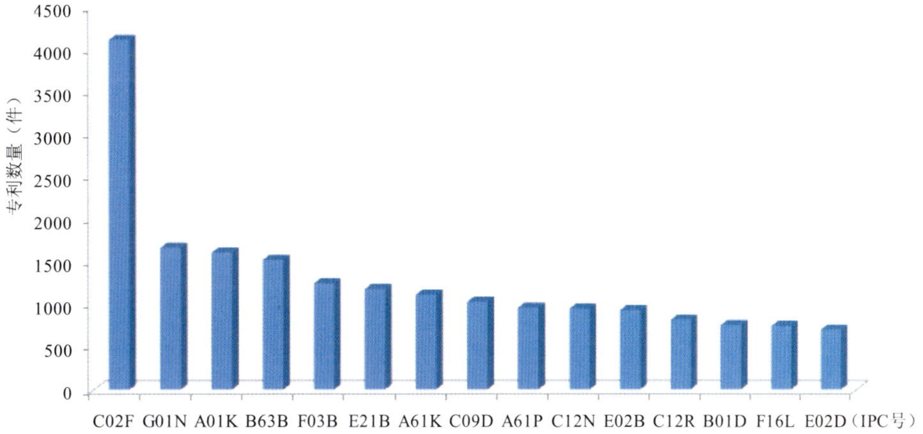

图2-34　2001—2015年我国海洋领域专利主要分类号

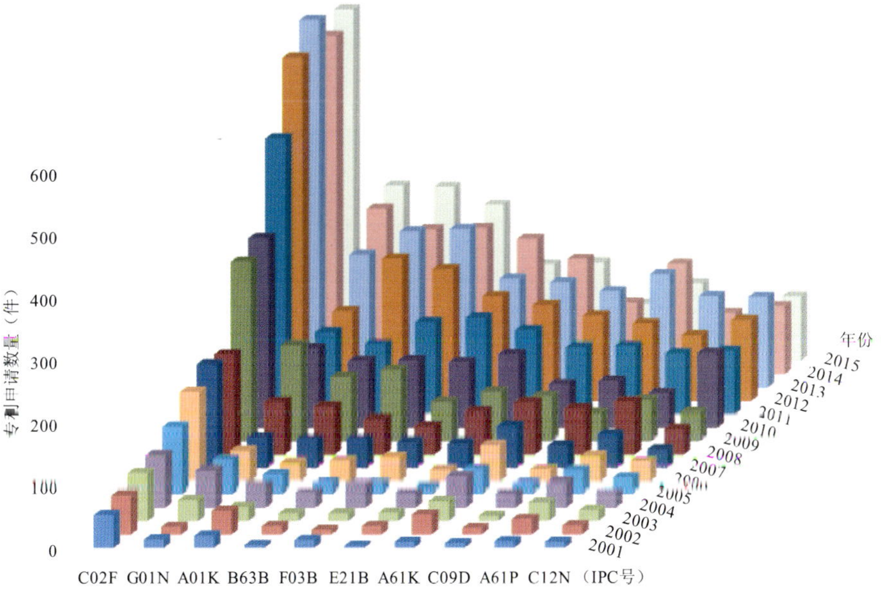

图2-35　2001—2015年我国海洋领域专利IPC分类前10位专利申请数量

（五）世界海洋专利方面占据明显优势

以DII数据库检索2001—2015年海洋专利发现，我国专利申请量位居第一，遥遥领先于其他国家和地区，与韩国、日本和美国数量的总和相当（见图2-36）。

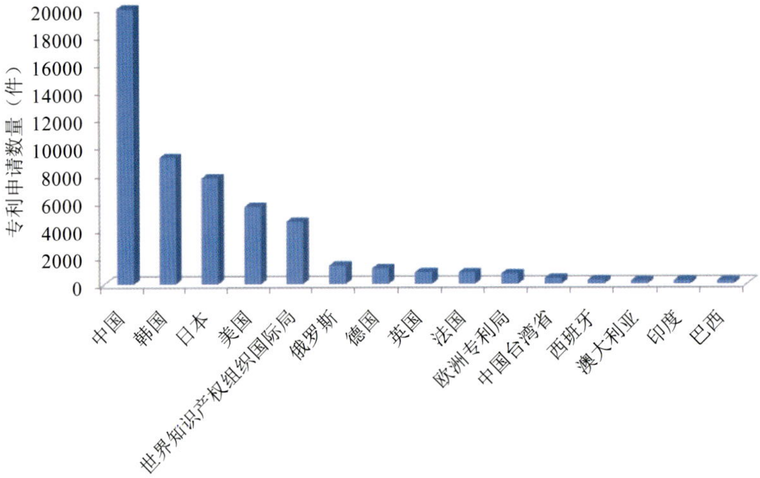

图2-36　2001—2015年世界海洋专利申请数量

我国与世界海洋专利数量增长态势基本一致，在世界专利中所占比例稳步增长（见图2-37），从2001年的5.40%提高至2015年75.90%（包含多国合作专利）。

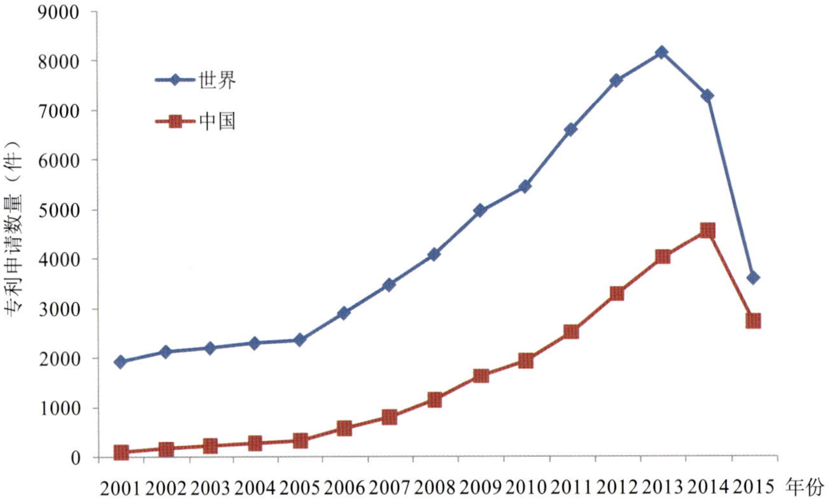

图2-37　2001—2015年世界海洋专利申请数量增长趋势

世界海洋专利IPC分类前15位的专利分别是：B63B（船舶或其他水上船只；船用设备）、C02F（污水、污泥污染处理）、A01K（畜牧业；禽类、鱼类、昆虫的管理；捕鱼；饲养或养殖其他类不包含的动物；动物的新品种）、A23L（不包含在A21D或A23B至A23J小类中的食品、食料或非酒精饮料）、E02B（水利工程）、F03B（液力机械或液力发动机）、A61K（医学用配置品）、B01D（分离）、A61P（化合物或药物制剂的治疗活性）、B63H（船舶的推进装置或操舵装置）、E21B（土层或岩石的钻进）、G01N（借助测定材料的化学或者物理性质来测试或分析材料）、G01V（地球物理；重力测量；物质或物体的探测；示踪物）、G01S（无线电定向；无线电导航；采用无线电波测距或测速；采用无线电波的反射或再辐射的定位或存在检测；采用其他波的类似装置）、E02D（基础；挖方；填方）（见图2-38）。

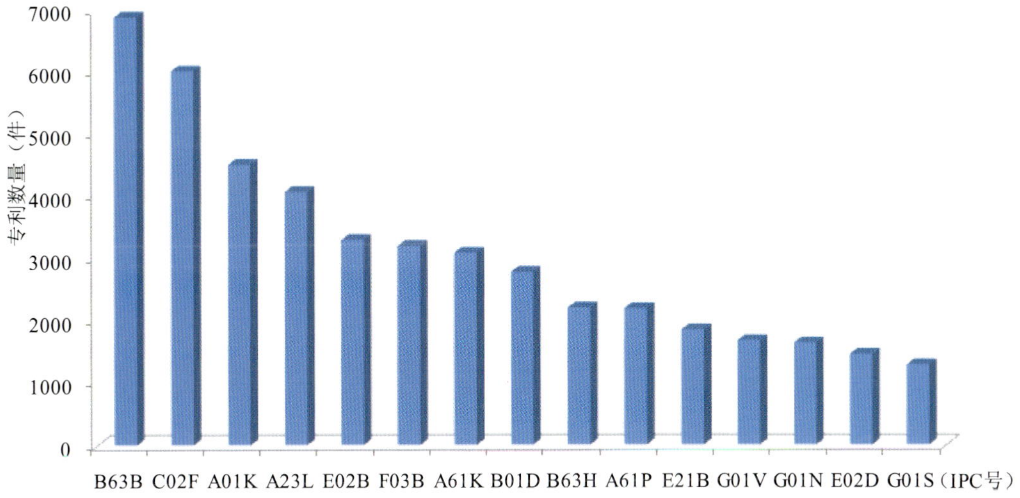

图2-38 2001—2015年世界海洋专利申请IPC分类前15位的分类号

海洋专利申请量在全球排名前15的机构中，我国有4家机构（见图2-39）。

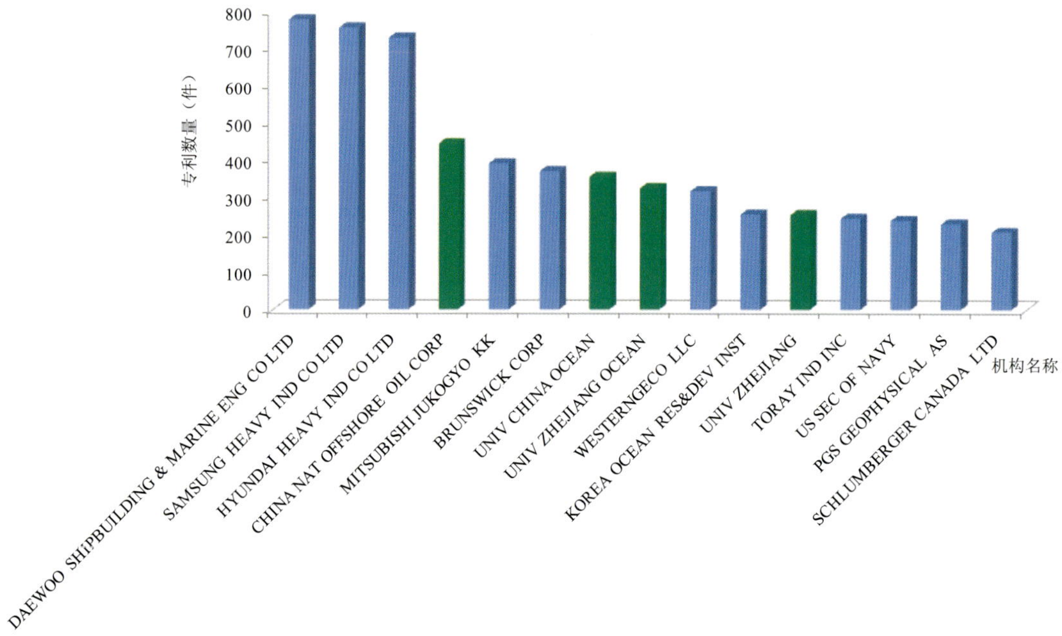

图2-39　2001—2015年世界海洋专利申请前15位的机构

综合来看，我国海洋领域专利发展迅速，在世界海洋专利方面也逐渐占据数量优势。中国海洋领域专利研发力量分布较为均衡，企业、大学以及研究机构均有涉及，但主要申请人相对集中，尤其是企业力量集中在中国海洋石油公司。我国海洋领域专利在渔业、医药，以及矿物开发方面居多，但大多都处于原始技术探索阶段（体现在发明专利居多），在新产品、食品以及高新技术方面较为短缺（体现在外观设计专利偏少），未来海洋专利发展不仅要积极探索新技术与新方向，更需要做好已有专利的产业化转移转化工作。

五、高等学校海洋创新发展良好

高等学校对国家创新的发展具有举足轻重的作用。近年来，我国高等学校的海洋创新资源投入和海洋创新成果产出逐渐增加，海洋创新发展态势良好。需要说明的是，本部分数据是以涉海高等学校和涉海学科为依据提取，按照其涉海比例系数加权求和所得（涉海高等学校及其涉海比例系数和涉海学科及其涉海比例系数分别见附录十和附录十一）。

（一）高等学校海洋创新人力资源结构逐渐优化

高等学校教学与科研人员是指高等学校在册职工在统计年度内，从事大专以上教学、研究与发展、研究与发展成果应用及科技服务工作人员以及直接为上述工作服务的人员，包括统计年度内从事科研活动累计工作时间一个月以上的外籍和高教系统以外的专家和访问学者。2009—2015年我国涉海高等学校教学与科研人员总体呈上升趋势，2015年有所下降，其中，科学家与工程师、高级职称人员数量也呈增长态势，科学家与工程师占教学与科研人员的比例略有波动（见图2-40）；高级职称人员占教学与科研人员的比例由37.50%上升至41.38%。

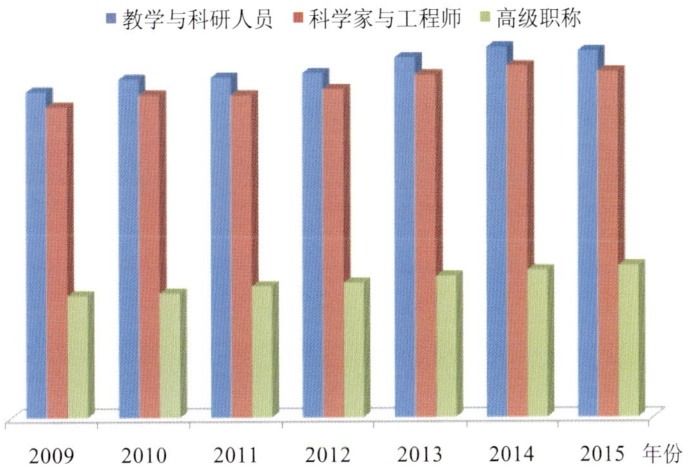

图2-40 2009—2015年我国涉海高等学校教学与科研人员（人）增长趋势

高等学校研究与发展人员是指统计年度内，从事研究与发展工作时间占本人教学、科研总时间10%以上的“教学与科研人员”。2009—2015年我国涉海高等学校研究与发展人员逐步增加。其中，科学家与工程师、高级职称人员数量也呈增长态势，科学家与工程师占研究与发展人员的比例波动上升，由95.99%上升到96.45%；

高级职称人员占研究与发展人员的比例略有波动（见图2-41）。

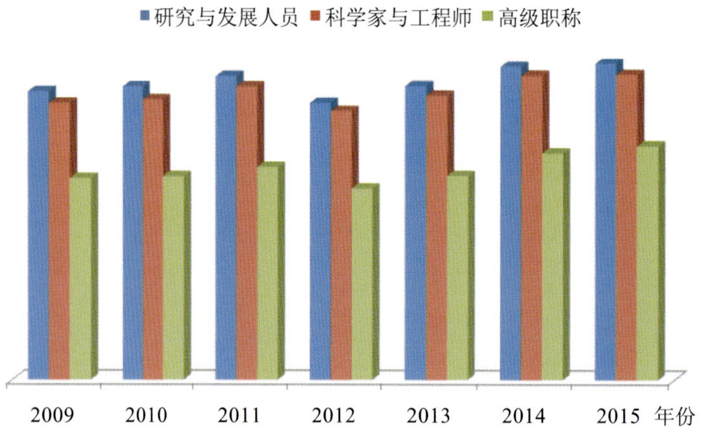

图2-41　2009—2015年我国涉海高等学校研究与发展人员（人）变化趋势

（二）高等学校海洋创新投入逐渐增加

2009—2015年我国涉海高等学校科技经费投入不断增加，年均增速达到12.30%。2009—2015年政府资金投入呈增长态势，年均增速达到13.37%。2009—2015年我国涉海高等学校的内部支出大幅增长（见图2-42），2015年是2009年内部支出的61.22倍。

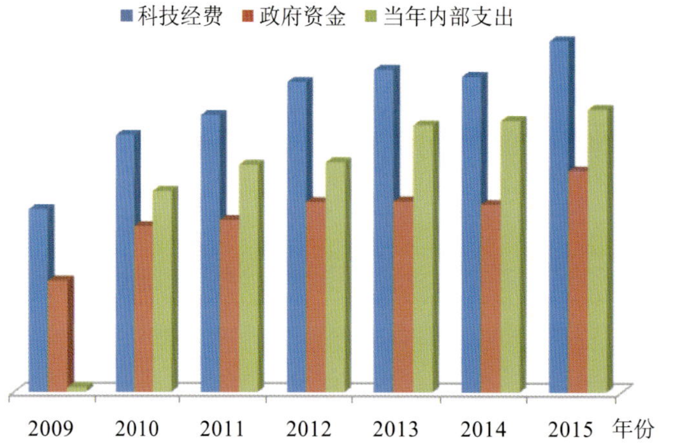

图2-42　2009—2015年我国涉海高等学校科技经费收入与支出（千元）增长趋势

2009—2015年我国涉海高等学校科技课题总数逐渐增加，年均增速为6.26%；科技课题当年投入人数总体呈上升趋势（见图2-43），年均增速为1.29%。2009—2015年我国涉海高等学校科技课题当年拨入经费和当年支出经费逐年增多（见图2-44），当年拨入经费年均增速达到11.59%，当年的支出经费年均增速达到11.92%。

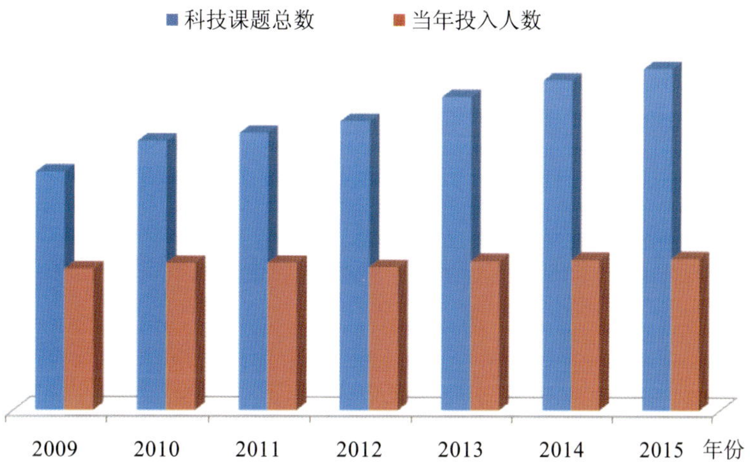

图2-43 2009—2015年我国涉海高等学校科技课题总数（项）和当年投入人数（人）增长趋势

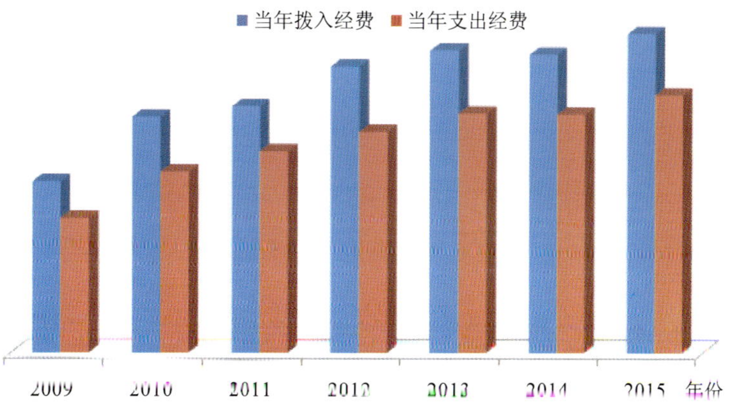

图2-44 2009—2015年我国涉海高等学校科技课题当年拨入经费（千元）和当年支出经费（千元）增长趋势

（三）高等学校海洋创新产出逐渐增加

2009—2015年，我国涉海高等学校科技成果中发表的学术论文篇数逐步增长（见图2-45），年均增速为5.42%，其中国外学术刊物发表的学术论文篇数增长更为明显，年均增速11.95%；技术转让签订的合同数逐年增长（见图2-46），年均增速为18.48%，其中，在2009—2010年期间增长最为迅猛，年增长率达到67.60%。

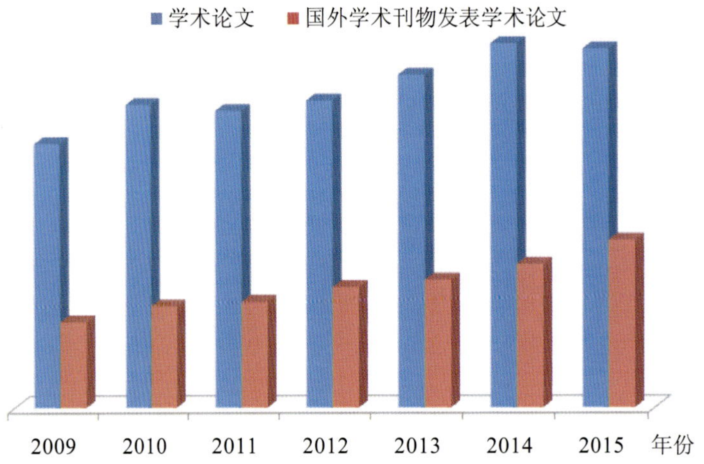

图2-45　2009—2015年我国涉海高等学校科技成果中发表学术论文数量（篇）增长趋势

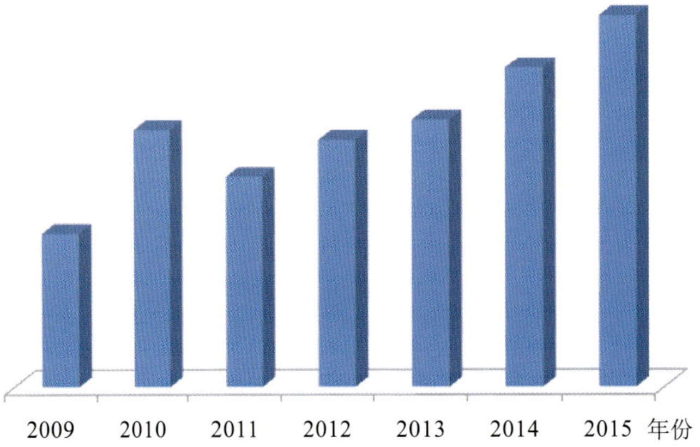

图2-46　2009—2015年我国涉海高等学校技术转让签订合同数目（项）增长趋势

（四）高等学校海洋科研机构稳步发展

2012—2015年我国高校涉海科研机构中的从业人员逐步增加（见图2-47）。其中，博士毕业和硕士毕业人员数量也呈增长态势；同时，博士毕业人员占比由51.76%上升到56.22%，硕士毕业人员占比由27.56%上升到28.97%（见图2-48）。

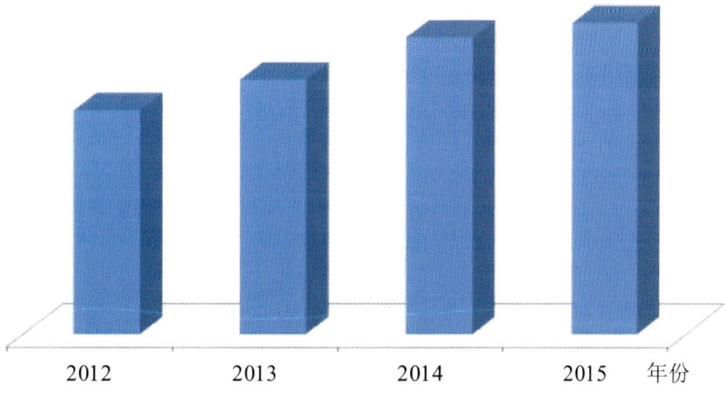

图2-47 2012—2015年我国高校涉海科研机构中的从业人员数量（人）增长趋势

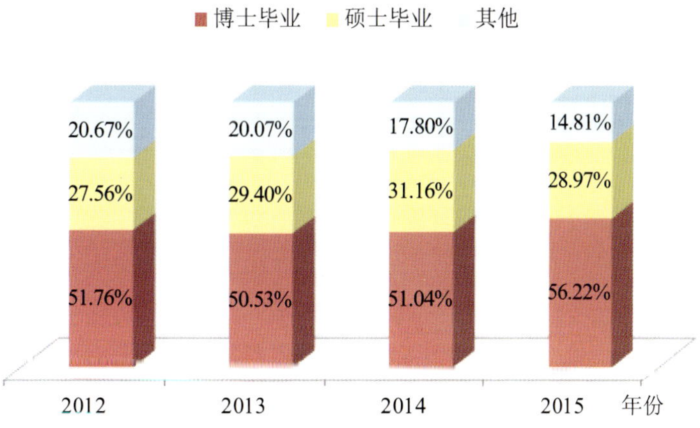

图2-48 2012—2015年我国高校涉海科研机构中的从业人员学历结构

2012—2015年我国高校涉海科研机构中的科技活动人员数量逐步增加（见图2-49）。其中，高级职称人员占比由60.00%下降至58.85%，中级职称人员占比由28.46%上升到32.06%，初级职称人员占比由7.76%下降至6.89%（见图2-50）。

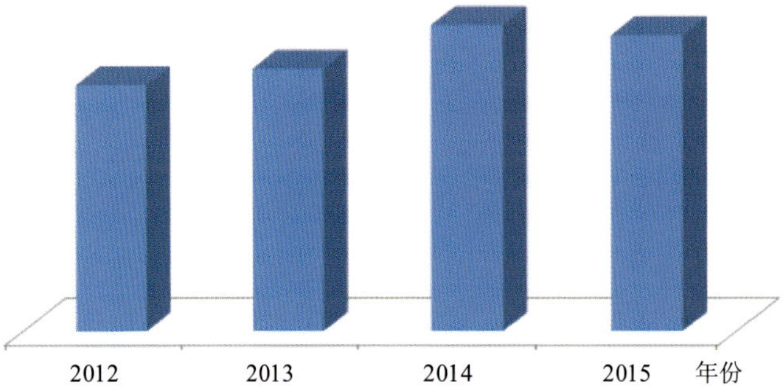

图2-49　2012—2015年我国高校涉海科研机构中的科技活动人员数量（人）趋势

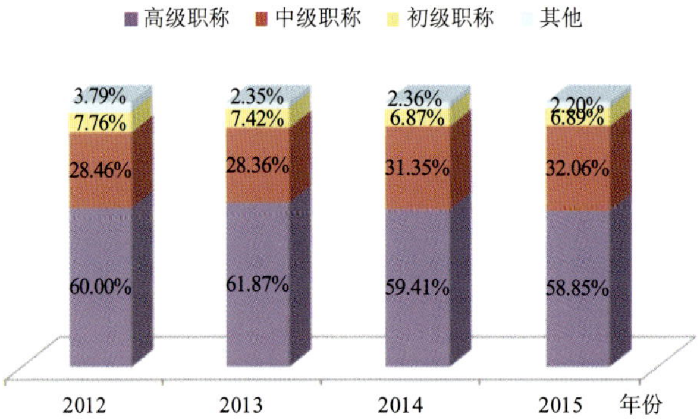

图2-50　2012—2015年我国高校涉海科研机构中的科技活动人员职称结构

2012—2015年我国高校涉海科研机构的科技经费投入不断增加，2015年当年经费内部支出相比2012年增加61.07%，其中R&D经费支出2015年相比2012年增加69.01%（见图2-51）。

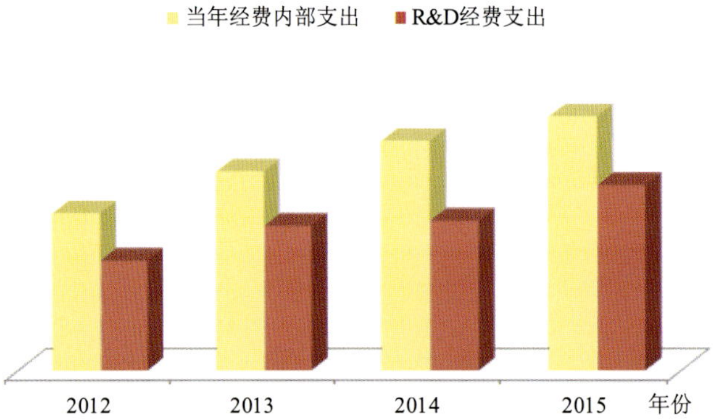

图2-51　2012—2015年我国高校涉海科研机构经费支出（千元）增长趋势

2012—2015年我国高校涉海科研机构承担项目总数逐渐增加（见图2-52），2015年相比2012年增加32.47%。

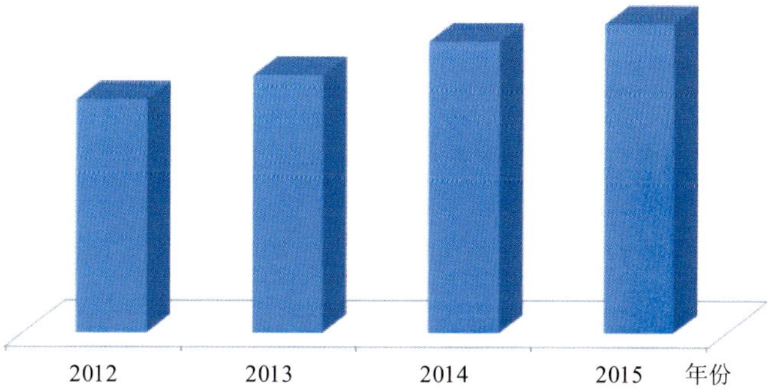

图2-52　2012—2015年我国高校涉海科研机构承担项目数量（项）增长趋势

2012—2015年，我国高校涉海科研机构的固定资产原值逐年增加（见图2-53），2015年相比2012年增加37.66%。其中，仪器设备原值2015年相比2012年增加36.90%，进口仪器设备原值2015年相比2012年增加51.98%。

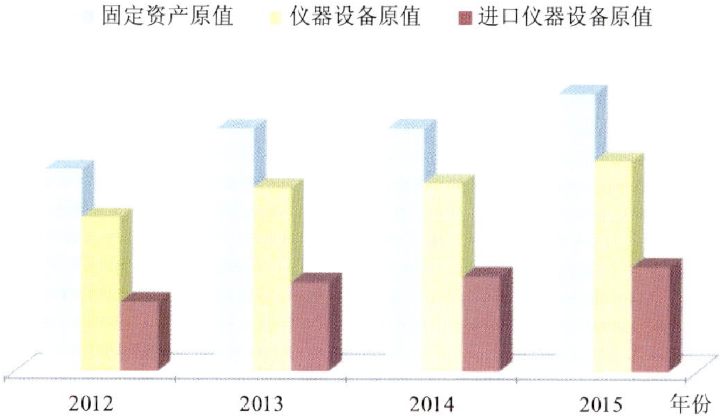

图2-53　2012—2015年我国高校涉海科研机构的固定资产原值（千元）增长趋势

六、海洋科技对经济发展贡献稳步增强

近年来，海洋创新方面的一系列工作扎实推进，一大批成果走上前台，全面推动了海洋事业的发展进程。在此进程中，海洋科技服务海洋经济社会发展的能力不

断增强，科技创新促进成果转化的作用日益彰显。

海洋科技进步贡献率平稳增长。海洋科技进步贡献率是指海洋科技进步对海洋经济增长的贡献份额，它是度量海洋科技进步贡献大小的重要指标，也是衡量海洋科技竞争实力和海洋科技转化为现实生产力水平的综合性指标。《国家"十二五"海洋科学和技术发展规划纲要》明确提出"到2015年，海洋科技对海洋经济的贡献率达到60%以上"。根据历年《中国海洋统计年鉴》数据，基于加权改进的索洛余值法（测算过程见附录五和附录六），测算我国"十一五"期间（2006—2010年）及"十二五"期间（2011—2015年）海洋科技进步贡献率（见表2-6）。

表2-6 我国海洋科技进步贡献率（%）

年份	产出增长率	资本增长率	劳动增长率	海洋科技进步贡献率
2006—2010	12.86	10.10	4.05	54.4
2011—2015	10.97	6.74	2.72	64.2

从表2-6可以看出，"十一五"期间我国海洋科技进步贡献率为54.4%，2011—2015年达到64.2%。也就是说，2011—2015年我国海洋生产总值以平均13.07%的速度增长，其中有64.2%来自海洋科技进步的贡献，《国家"十二五"海洋科学和技术发展规划纲要》提出的目标如期实现。

海洋科技成果转化能力发展良好。海洋科技成果转化率是指进行自我转化或进行转化生产，处于投入应用或生产状态，并达到成熟应用的海洋科技成果占全部海洋科技应用成果的百分比。海洋科技成果能否迅速而有效地转化为现实生产力，是一个国家海洋事业发展和腾飞的关键。加快海洋科技成果向现实生产力转化，促进新产品、新技术的更新换代和推广应用，是海洋科技进步工作的中心环节，也是促进海洋经济发展由粗放型向集约型转变的关键所在。《全国海洋经济发展"十二五"规划》提出"2015年海洋科技成果转化率达到50%以上"。根据科技部海洋科技统计和海洋科技成果登记数据，2011—2015年海洋科技成果转化率达到50.4%（测算过程见附录七），顺利实现"十二五"规划目标。

第三章　国家海洋创新指数评估分析

国家海洋创新指数是一个综合指数，由海洋创新资源、海洋知识创造、海洋企业创新、海洋创新绩效和海洋创新环境5个分指数构成。考虑海洋创新活动的全面性和代表性，以及基础数据的可获取性，本报告选取25个指标（指标体系见附录一），反映海洋创新的质量、效率和能力。

国家海洋创新指数显著上升，海洋创新能力大幅提高。设定2001年我国的国家海洋创新指数基数值为100，则2015年国家海洋创新指数为917，2001—2015年期间国家海洋创新指数的年均增速为21.90%，“十二五”期间年均增速为9.5%，保持平稳发展态势。

海洋创新资源分指数持续上升，2001—2015年年均增速为6.92%。其中，“研究与发展经费投入强度”与“研究与发展人力投入强度”两个指标的年均增速分别为15.34%与11.49%，是拉动海洋创新资源分指数上升的主要力量。

海洋知识创造分指数增长强劲，年均增速达到21.80%；“亿美元经济产出的发明专利申请数”和“万名R&D人员的发明专利授权数”两个指标增长较快，年均增速分别达30.45%和32.84%，高于其他指标值，成为推动海洋知识创造分指数上升的主导力量。

海洋企业创新分指数在5个分指数中增长态势最为迅猛，年均增速达到64.23%，这主要得益于2009年的飞跃式增长。其中“企业R&D经费与主要海洋产业增加值的比例”这一指标年均增速达到114.10%，是促进海洋企业创新分指数增长的首要因素。

海洋创新绩效分指数在5个分指数中增长较慢，年均增速仅为4.54%；“海洋劳动生产率”在创新绩效分指数的6个指标中增长较为稳定，年均增速为10.50%，对海洋创新绩效的增长起着积极的推动作用。

海洋创新环境分指数连续14年保持上升趋势，年均增速为10.78%，尤其在2008—2010年快速增长，这得益于指标“沿海地区人均海洋生产总值”与“海洋专业大专及以上应届毕业生人数”的迅速增长。

一、海洋创新指数综合评估

（一）国家海洋创新指数显著上升

将2001年我国的国家海洋创新指数定为基数100，则2015年国家海洋创新指数达到最高值917（见图3-1），2001—2015年期间，年均增长速度为21.90%。

2001—2015年期间国家海洋创新指数保持持续上升的趋势，增长速度出现不同程度的波动，最为突出的是2009年出现波峰，国家海洋创新指数由2008年的203增长为2009年的568，增长速度达到峰值179.30%，主要原因包括：2008年国际金融危机下，我国采取了有效应对措施；随着国家对海洋创新逐渐加大，效果开始显现；越来越多的科研机构走向海洋，2009年海洋科技统计范围在此基础上有所扩大。以2009年为界，2001—2008年，国家海洋创新指数保持平稳上升趋势，年均增长速度为10.86%；而2009年及以后，即2009—2015年，国家海洋创新指数一直保持在500以上，年均增速为32.95%。

图3-1 国家海洋创新指数历年变化及增速趋势

（二）各分指数呈不同程度的上升态势

55个分指数对国家海洋创新指数的影响各不相同，呈现不同程度的上升态势（见表3-1和图3-2）。海洋创新资源分指数与国家海洋创新指数变化趋势较为接近，仅在2010年海洋创新资源分指数出现负向波动。海洋知识创造分指数得分值明显高于国家海洋创新指数，并且趋势变化最为接近，说明海洋知识创造分指数对国家海洋创新指数增长有较大的正贡献。2009年以后，海洋企业创新分指数得分值远远高于国家海洋创新指数，说明海洋企业创新分指数对国家海洋创新指数增长有很大的正贡献。海洋创新绩效分指数与国家海洋创新指数变化趋势的差异最大，分指数基本呈现平稳缓慢的线性增长，年度增长速度出现小范围波动，与国家海洋创新指数的增长速度有较大差异。海洋创新环境分指数，在2001—2008年期间与国家海洋创新指数分值和趋势最为接近，2009—2015年间其值比国家海洋创新指数要低，但是趋势变化仍较接近。

表3-1　国家海洋创新指数和各分指数变化

年份	综合指数	分指数				
	国家海洋创新指数	海洋创新资源	海洋知识创造	海洋企业创新	海洋创新绩效	海洋创新环境
	A	B_1	B_2	B_3	B_4	B_5
2001	100	100	100	100	100	100
2002	109	104	126	101	108	108
2003	127	107	170	137	105	117
2004	142	108	213	156	106	126
2005	149	109	237	149	111	139
2006	154	110	239	142	120	158
2007	190	156	303	176	124	193
2008	203	162	340	173	134	207
2009	568	212	654	1530	138	305
2010	589	209	717	1535	148	335
2011	596	214	777	1467	158	363
2012	640	219	917	1518	166	379
2013	731	239	1064	1788	171	391
2014	753	239	1085	1867	179	395
2015	917	234	1319	2454	185	393

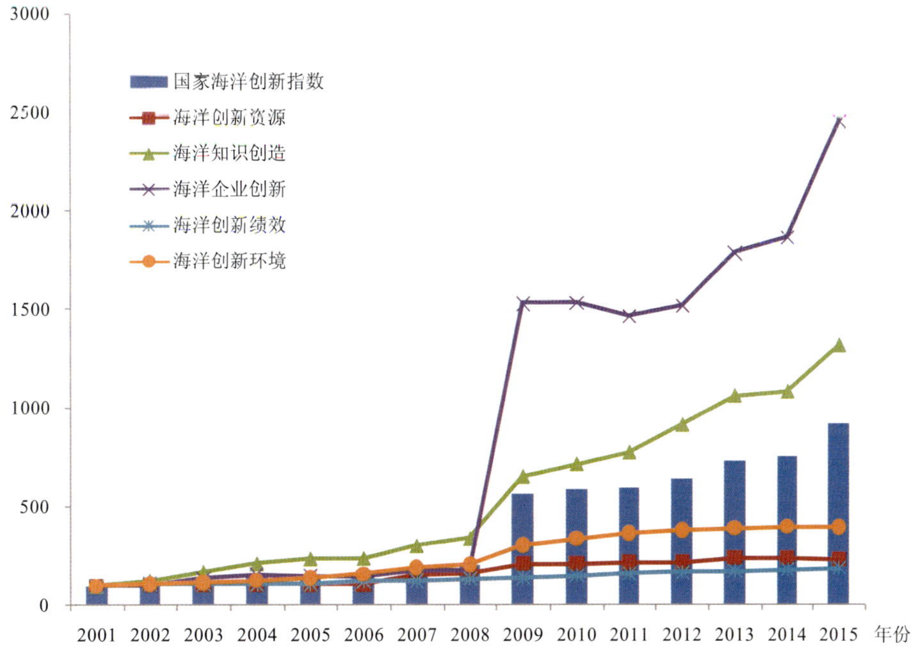

图3-2　国家海洋创新指数及其分指数历年变化趋势

2001—2015年，我国海洋创新资源分指数平均增速为6.92%，除2010年和2015年分别出现1.50%和1.96%的负增长外（见表3-2），其余各年增速均呈现正增长，充分体现了我国海洋创新资源投入持续增加的发展态势。

表3-2　国家海洋创新指数和分指数增长速度（%）

年份	综合指数	分指数				
	国家海洋创新指数	海洋创新资源	海洋知识创造	海洋企业创新	海洋创新绩效	海洋创新环境
	A	B_1	B_2	B_3	B_4	B_5
2001	–	–	–	–	–	–
2002	9.45	3.95	26.33	0.89	7.39	8.50
2003	16.23	2.90	34.48	31.76	2.41	8.13
2004	11.41	0.61	25.12	13.77	1.40	7.62
2005	5.08	1.35	11.49	−4.46	4.29	9.93
2006	3.25	0.84	0.91	−4.77	7.74	14.15
2007	23.81	42.24	26.68	23.80	4.07	21.61

续表3-2

年份	综合指数	分指数				
	国家海洋创新指数	海洋创新资源	海洋知识创造	海洋企业创新	海洋创新绩效	海洋创新环境
	A	B_1	B_2	B_3	B_4	B_5
2008	6.77	3.27	12.37	−1.19	7.92	7.30
2009	179.30	31.11	92.25	782.40	2.37	47.48
2010	3.70	−1.50	9.60	0.28	7.78	9.97
2011	1.17	2.33	8.26	−4.39	6.81	8.25
2012	7.40	2.50	18.03	3.45	5.03	4.51
2013	14.21	9.07	16.13	17.77	3.14	3.09
2014	3.07	0.14	1.95	4.45	4.37	0.99
2015	21.78	−1.96	21.60	31.43	3.55	−0.58
年均增速	21.90	6.92	21.80	64.23	4.54	10.78

海洋知识创造分指数对我国海洋创新能力大幅提升的贡献不小，年均增速达到21.80%，与国家海洋创新指数年均增速基本保持一致（见图3-3）。这表明我国的海洋科研能力迅速增强，海洋知识创造及其转化运用为海洋创新活动提供了强有力的支撑。海洋知识创造能力的提高为增强国家原始创新能力、提高自主创新水平提供了重要支撑。

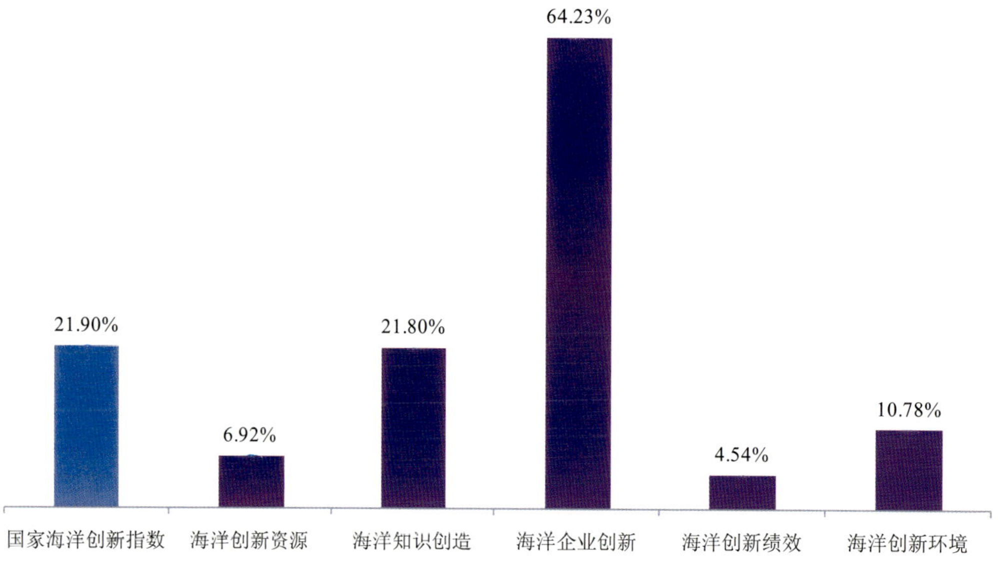

图3-3　2001—2015年国家海洋创新指数及分指数的年均增速

我国海洋创新能力大幅提升的过程中，海洋企业创新分指数的贡献最大，年均增速达到64.23%，在5个分指数中最高（见图3-4）。表明我国的海洋企业创新能力迅速提高，为增强国家海洋创新能力提供了重要支撑。

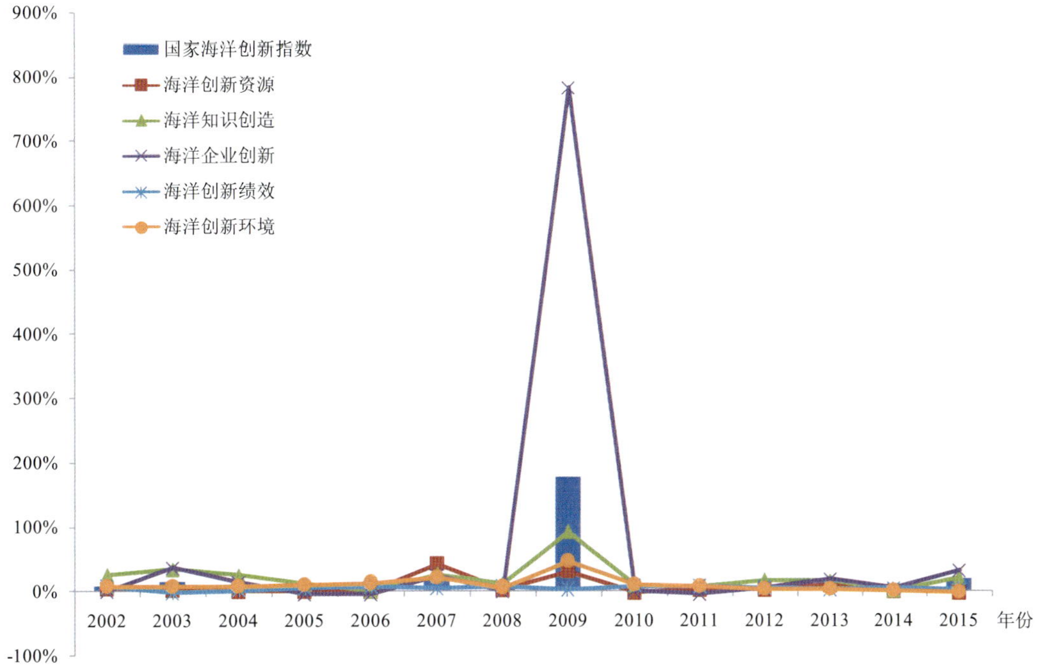

图3-4 国家海洋创新指数及分指数的历年增长速度

促进海洋经济发展是开展海洋创新活动的最终目标，是进行海洋创新能力评估不可或缺的组成部分。从近年来的变化趋势来看，我国海洋创新绩效稳步提升。2001—2015年期间我国海洋创新绩效分指数年均增速达到4.54%，除2003年出现负增长外，其余各年均呈现正增长态势，增速最高值出现在2008年，为7.92%（见表3-2）。

海洋创新环境是海洋创新活动顺利开展的重要保障。自《国家“十二五”海洋科学和技术发展规划纲要》颁布实施以来，我国海洋创新的总体环境得到极大改善，2001—2014年海洋创新环境分指数一直呈上升趋势（见表3-2），年均增速为11.66%，但在2015年首次出现了负增长，2001—2014年年均增速为10.78%，在5个分指数中位列第四（见图3-3）。

二、海洋创新资源分指数评估

海洋创新资源能够反映一个国家对海洋创新活动的投入力度。创新型人才资源供给能力以及创新所依赖的基础设施投入水平，是国家持续开展海洋创新活动的基本保障。海洋创新资源分指数采用以下5个指标：①研究与发展经费投入强度；②研究与发展人力投入强度；③科技活动人员中高级职称所占比重；④科技活动人员占海洋科研机构从业人员的比重；⑤万名科研人员承担的课题数。通过以上指标，从资金投入、人力投入等角度对我国海洋创新资源投入和配置能力进行评估。

（一）海洋创新资源分指数升势趋稳

2015年海洋创新资源分指数得分为234（见表3-3），比2014年略微降低，2001—2015年的年均增速为6.92%。从历史变化情况来看，2007年与2009年海洋创新资源分指数的涨幅最为明显，年增长速率分别为42.24%与31.11%；2009年以后，海洋创新资源分指数在小范围内波动增长，2013年和2014年到达最高值239，2015年略有下降。

（二）指标变化各有特点

从海洋创新资源的5个指标得分的变化趋势来看（见图3-5和图3-6），有2个指标呈快速上升趋势，2个指标基本持平，1个指标虽整体呈现增长态势但具有阶段性。其中，“研究与发展经费投入强度”波动幅度最大，其次是“研究与发展人力投入强度”指标，2001—2015年，这两个指标均呈现增长态势，年均增速分别为15.34%和11.49%，是拉动海洋创新资源分指数整体上升的主要力量。但是，2015年两指标得分相比2014年均略有下降。

表3-3　海洋创新资源分指数及其指标得分

年份	分指数	指标				
	海洋创新资源	研究与发展经费投入强度	研究与发展人力投入强度	科技活动人员中高级职称所占比重	科技活动人员占海洋科研机构从业人员的比重	万名科研人员承担的课题数
	B_1	C_1	C_2	C_3	C_4	C_5
2001	100	100	100	100	100	100
2002	104	115	94	105	99	106
2003	107	123	88	104	100	120
2004	108	109	93	107	103	127
2005	109	102	87	112	103	140
2006	110	104	85	112	104	145
2007	156	217	173	114	108	171
2008	162	229	179	111	111	178
2009	212	435	263	106	110	144
2010	209	403	264	111	114	152
2011	214	410	286	110	111	151
2012	219	417	293	113	113	159
2013	239	484	339	103	113	153
2014	239	470	338	111	115	160
2015	234	449	325	119	116	163

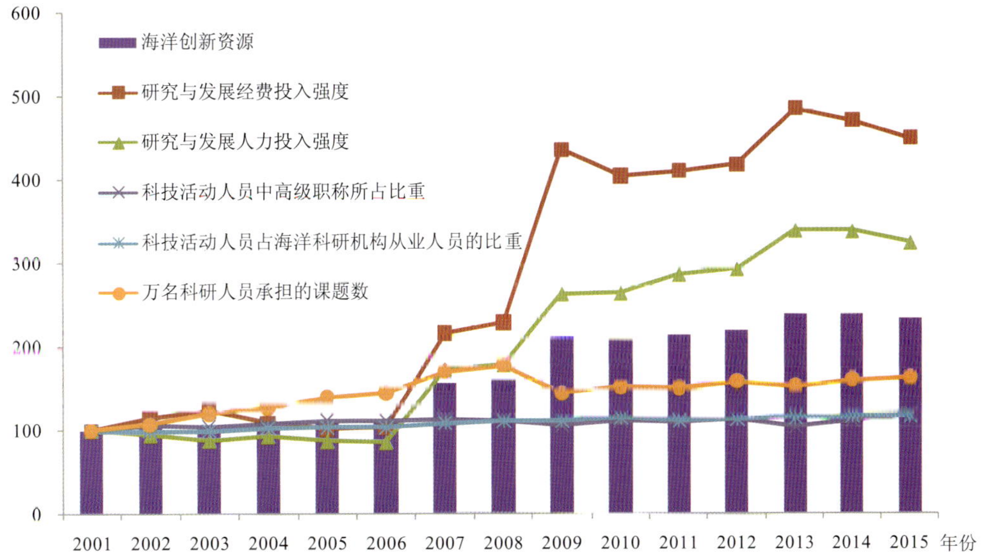

图3-5　海洋创新资源分指数及其指标得分变化趋势

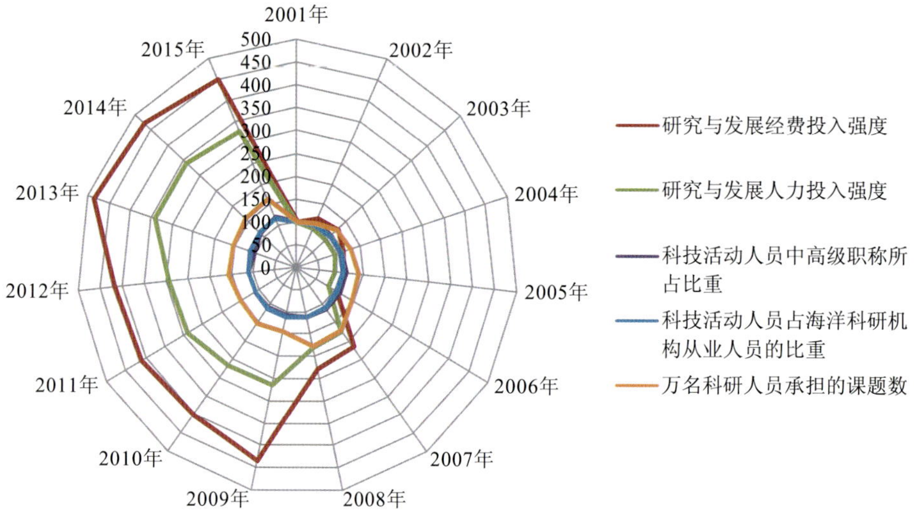

图3-6　海洋创新资源分指数及其指标得分对比分析

指标“科技活动人员中高级职称所占比重”反映一个国家海洋科技活动的顶尖人才力量，“科技活动人员占海洋科研机构从业人员的比重”能够反映一个国家海洋创新活动科研力量的强度。自2001年以来，这两个指标增速基本持平，2001—2015年期间年均增长速度分别为1.35%和1.06%，增长缓慢，趋于平稳。

指标“万名科研人员承担的课题数”能够反映海洋科研人员从事海洋创新活动的强度。其变化趋势以2009年为界，2001—2008年期间为稳定上升趋势，年均增长速度为8.67%，2009年出现负增长，之后保持稳定增长态势，直至2014年得分较高，但仍未超过2008年。2010—2015年期间，该指标年均增速为3.90%。

三、海洋知识创造分指数评估

海洋知识创造是创新活动的直接产出，能够反映一个国家海洋领域的科研产出能力和知识传播能力。海洋知识创造分指数选取以下5个指标：①亿美元经济产出的发明专利申请数；②万名R&D人员的发明专利授权数；③本年出版科技著作；④万名科研人员发表的科技论文数；⑤国外发表的论文数占总论文数的比重。通过以上指标论证我国海洋知识创造的能力和水平，既能反映科技成果产出效应，又综合考虑了发明专利、科技论文、科技著作等各种成果产出。

（一）海洋知识创造分指数迅速增长

从海洋知识创造分指数及其增长率来看（见表3-4和图3-7），我国的海洋知识创造分指数增长迅速，从2001年的100增长至2015年的1319，年均增速达21.80%。从图3-7可以看出，海洋知识创造分指数增长大致划分为两个阶段，以2008年为界，第一个阶段是2008年之前，海洋知识创造分指数呈现相对缓慢的上升趋势，年均增长速度为19.63%，处于低速增长阶段；第二个阶段是2008年以后，分指数迅速增长，2009—2015年的年均增长速度达到23.97%，处于高速增长阶段，2009年分指数的年增长速度达到峰值92.25%。

表3-4　海洋知识创造分指数及其指标得分

年份	分指数	指标				
	海洋知识创造	亿美元经济产出的发明专利申请数	万名R&D人员的发明专利授权数	本年出版科技著作	万名科研人员发表的科技论文数	国外发表的论文数占总论文数的比重
	B_2	C_6	C_7	C_8	C_9	C_{10}
2001	100	100	100	100	100	100
2002	126	156	133	125	115	103
2003	170	282	196	143	131	97
2004	213	278	373	160	142	108
2005	237	241	463	191	174	117
2006	239	207	534	132	184	139
2007	303	339	452	268	247	208
2008	340	414	552	291	244	202
2009	654	1229	1139	519	208	177
2010	717	1515	1178	479	196	219
2011	777	1477	1461	528	201	215
2012	917	1539	1958	651	210	225
2013	1064	1920	2144	768	198	292
2014	1085	1729	2547	651	196	302
2015	1319	1654	3734	711	186	312

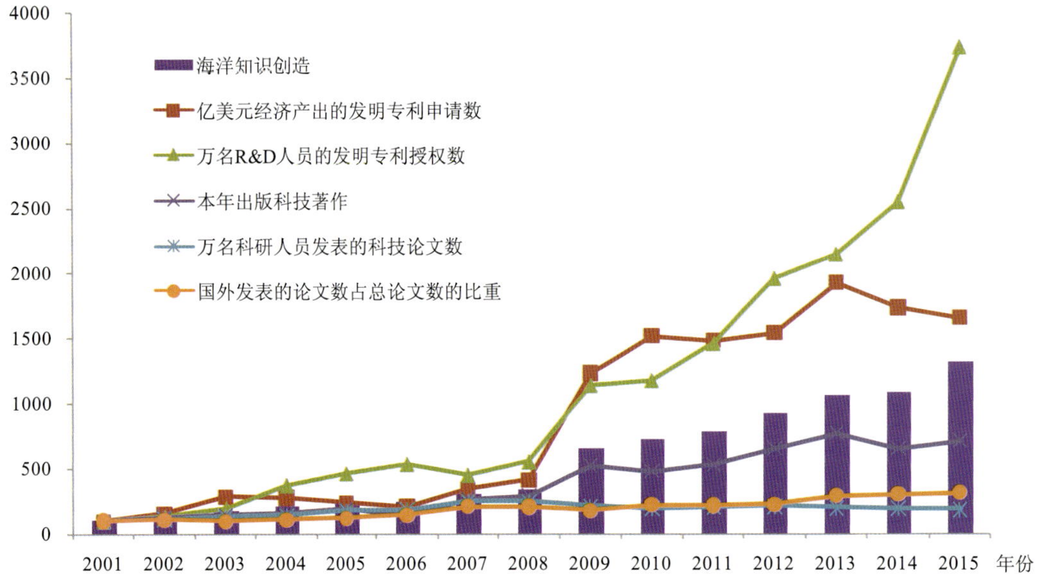

图3-7　海洋知识创造分指数及其指标得分变化趋势

（二）各指标贡献不一

从海洋知识创造5个指标的变化趋势来看（见图3-8），“亿美元经济产出的发明专利申请数”和“万名R&D人员的发明专利授权数”两个指标波动幅度最大，尤其在2008—2009年，上述两个指标增长迅猛，分别由2008年的414和552上升至2009年的1229和1139，年增速分别达197.04%和106.50%，其他年份两个指标呈现小幅波动。总体来看，2001—2015年，两个指标呈现平稳且相对较快的增长，年均增长速度分别达30.45%和32.84%。两个指标得分远高于其他指标值，成为推动海洋知识创造上升的主导力量。

2001—2015年间，“本年出版科技著作”指标呈现平稳增长态势，年均增长率为19.10%。其中，2001—2005年，该指标以17.59%的年均增长速度缓慢增长，2006年略微下降；2006—2007年与2008—2009年，是此项指标的快速上升阶段，也是其增长最快的两个阶段，年增长速度分别为102.86%与78.57%；2009年以后，“本年出版科技著作”指标得分逐渐增大，2013年达到峰值768，2014年以后略有下降，2015年得分为711。

“万名科研人员发表的科技论文数”即平均每万名科研人员发表的科技论文数，反映了科学研究的产出效率。“国外发表的论文数占总论文数的比重”是指一国发表的科技论文中国外发表论文的比重，反映了科技论文的对外普及程度。2001—2015年期间，两个指标得分增长相对缓慢，年均增长速度分别为5.23%和9.52%。

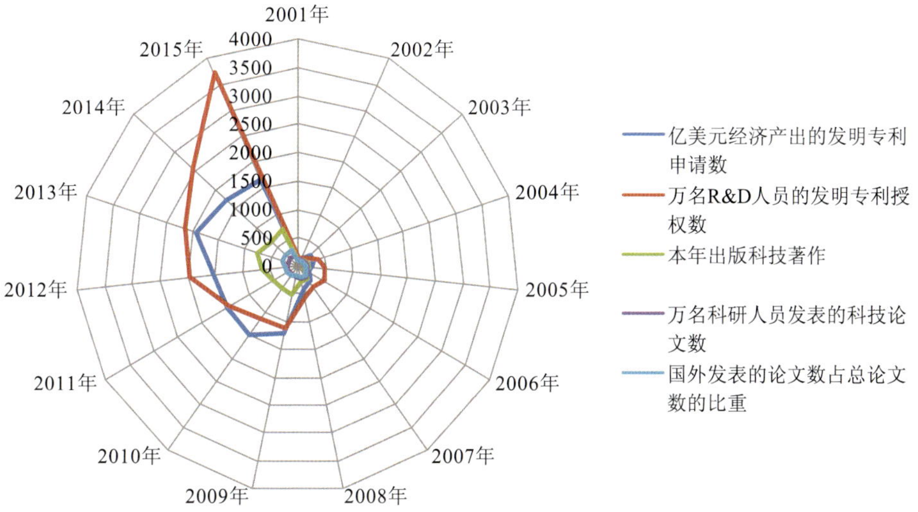

图3-8 海洋知识创造分指数及其指标得分对比分析

四、海洋企业创新分指数评估

企业是开展创新活动的重要主体，也是国家创新体系的重要组成部分。海洋企业创新的规模和质量，在很大程度上能够表明一个国家的海洋创新能力与水平。海洋企业创新分指数选取以下5个指标：①企业发明专利授权数占总发明专利授权数比重；②企业R&D经费与主要海洋产业增加值的比例；③万名企业R&D人员的发明专利授权数；④海洋综合技术自主率；⑤企业R&D人员占R&D人员总量比重。

（一）海洋企业创新分指数迅猛增长

从海洋企业创新分指数及其增长率来看（见表3-5和图3-9），我国的海洋企业创新分指数增长迅猛，从2001年的100增长至2015年的2454，年均增速达64.23%，在5个分指数中增长幅度最大。从图3-5可以看出，海洋企业创新分指数增长大致划分为两个阶段，以2008年为界。第一个阶段是2008年之前，海洋企业创新呈现相对缓慢的上升趋势，年均增长速度为9.11%，处于低速增长阶段；第二个阶段是2008年以后，海洋企业创新分指数迅速增长，2009—2015年的年均增长速度达到119.34%，处于高速增长阶段，2009年分指数的年增长速度达到峰值782.40%。

表3-5　海洋企业创新分指数及其指标得分

年份	分指数	指标				
	海洋企业创新	企业发明专利授权数占总发明专利授权数比重	企业R&D经费与主要海洋产业增加值的比例	万名企业R&D人员的发明专利授权数	海洋综合技术自主率	企业R&D人员占R&D人员总量比重
	B_3	C_{11}	C_{12}	C_{13}	C_{14}	C_{15}
2001	100	100	100	100	100	100
2002	101	74	128	80	99	124
2003	137	100	195	111	102	177
2004	156	81	247	160	101	189
2005	149	66	222	182	106	168
2006	142	70	136	245	104	153
2007	176	73	323	257	98	128
2008	173	60	325	288	80	115
2009	1530	547	5042	1563	100	399
2010	1535	553	5045	1560	98	417
2011	1467	518	4500	1804	95	419
2012	1518	519	4144	2401	101	423
2013	1788	588	4800	3034	101	415
2014	1867	612	4211	4023	103	387
2015	2454	786	2698	8336	96	352

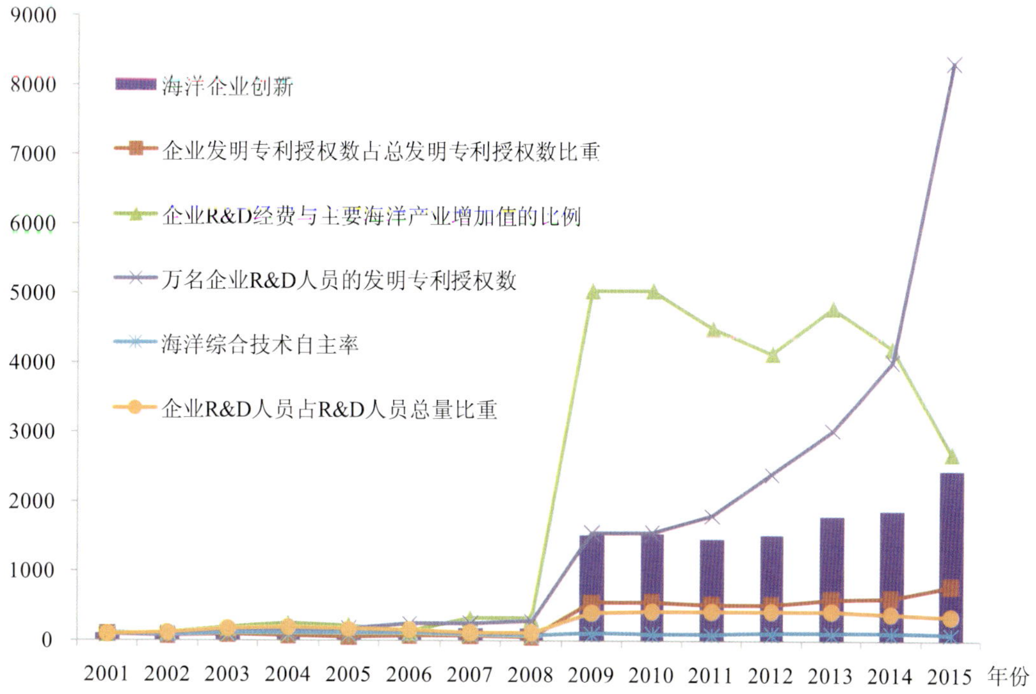

图3-9　海洋企业创新分指数及其指标得分变化趋势

（二）指标贡献不尽相同

从海洋企业创新5个指标的变化趋势来看（见图3-10），“企业R&D经费与主要海洋产业增加值的比例”和“万名企业R&D人员的发明专利授权数”两个指标波动幅度最大，尤其在2008—2009年，上述两个指标增长迅猛，分别由2008年的325和288上升至2009年的5042和1563，其他年份两个指标呈现小幅波动现象。总体来看，2001—2015年，两个指标呈现快速增长，年均增长速度分别达114.10%和56.21%。两个指标得分远高于其他指标值，成为促进海洋企业创新分指数增长的主要力量。

2001—2014年间，“企业发明专利授权数占总发明专利授权数比重”指标增长迅速，年均增长率为58.54%。与海洋企业创新其他4个指标一样，都在2008—2009年增长最为迅猛，由2008年的60上升至2009年的547，是拉动海洋企业创新分指数上升的重要因素。

“海洋综合技术自主率”采用我国海洋科研机构经费收入中来自企业的技术性收入占总技术性收入比重与国内专利授权数占本年专利授权数比重的平均值，反映我国海洋产业技术自给能力。2001—2015年间，“海洋综合技术自主率”指标呈现小幅波动，2008年得分最低，之后稳步上升，2011年又有所下降，直至2014年上升至103，但2015年又下降至96。总体来看，该指标趋于稳定，年均增长速度为0.06%，增长缓慢。

2001—2015年间，“企业R&D人员占R&D人员总量比重”指标增长较为迅速，年均增长率为18.77%。

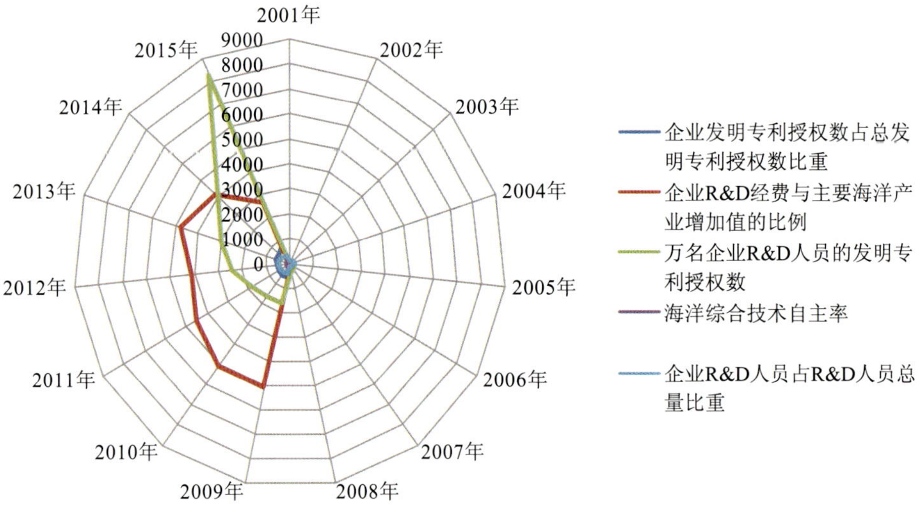

图3-10　海洋企业创新分指数及其指标得分对比分析

五、海洋创新绩效分指数评估

海洋创新绩效能够反映一个国家开展海洋创新活动所产生的效果和影响。海洋创新绩效分指数选取以下6个指标：①海洋科技成果转化率；②海洋科技进步贡献率；③海洋劳动生产率；④科研教育管理服务业占海洋生产总值的比重；⑤单位能耗的海洋经济产出；⑥海洋生产总值占国内生产总值的比重。通过以上指标，反映我国海洋创新活动所带来的效果和影响。

（一）海洋创新绩效分指数有序上升

表3-6是海洋创新绩效分指数及其指标的历年得分。从分指数得分情况看，我国的海洋创新绩效分指数从2001年的100增长至2015年的185，呈现平稳的增长态势，年均增长速度为4.54%，在5个分指数中增长最为缓慢。

表3-6 海洋创新绩效分指数及其指标得分

年份	分指数	指标					
	海洋创新绩效	海洋科技成果转化率	海洋科技进步贡献率	海洋劳动生产率	科研教育管理服务业占海洋生产总值的比重	单位能耗的海洋经济产出	海洋生产总值占国内生产总值的比重
	B_4	C_{16}	C_{17}	C_{18}	C_{19}	C_{20}	C_{21}
2001	100	100	100	100	100	100	100
2002	108	113	109	110	94	112	108
2003	105	123	94	108	101	103	101
2004	106	130	70	124	100	109	106
2005	111	137	64	141	96	118	110
2006	120	142	76	162	92	132	115
2007	124	146	74	180	91	144	111
2008	134	150	89	204	92	161	109
2009	138	154	84	219	94	166	109
2010	148	157	80	261	85	192	114
2011	158	160	94	294	84	207	111
2012	166	162	100	319	86	219	111
2013	171	165	96	342	87	229	110
2014	179	167	101	378	92	225	110
2015	185	169	101	399	96	238	109

（二）指标变化趋势稳定

“海洋科技成果转化率”是衡量海洋科技转化为现实生产力水平的重要指标。2001—2015年期间我国海洋科技成果转化率保持上升趋势，年均增长速度为3.88%。总体来看，2010年以前我国海洋科技成果转化率的增长较为明显，2010年以后趋于稳定（见图3-11）。

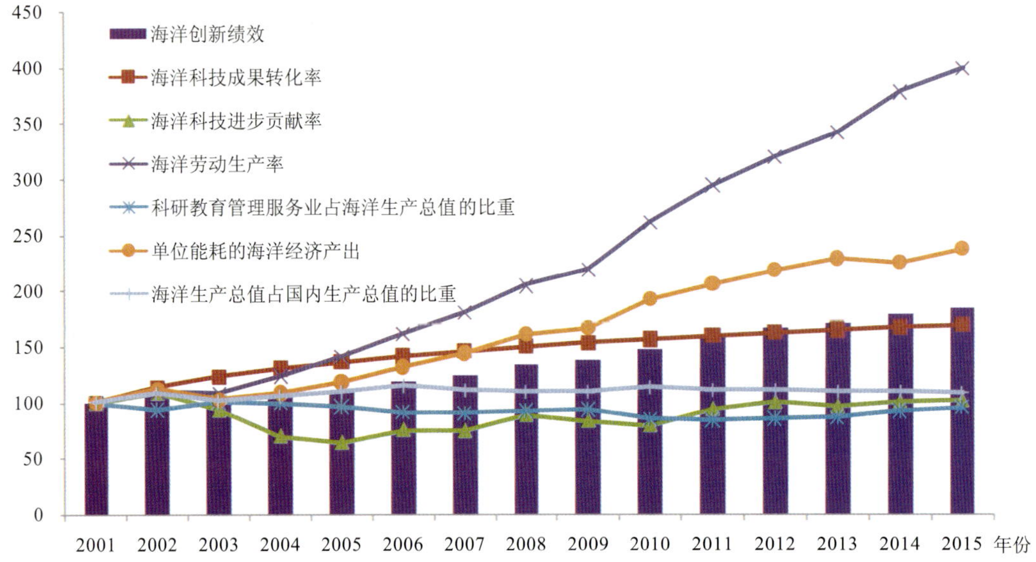

图3-11　海洋创新绩效分指数及其指标得分变化趋势

“海洋科技进步贡献率”指标总体波动范围不大，2001—2015年期间我国海洋科技进步贡献率稳中有升。

“海洋劳动生产率”采用海洋科技人员的人均海洋生产总值，反映海洋创新活动对海洋经济产出的作用。2001—2015年间，“海洋劳动生产率”指标迅速增长，年均增长速度为10.50%，是创新绩效分指数的6个指标中增长最快最稳定的指标（见图3-11和图3-12）。

“科研教育管理服务业占海洋生产总值的比重”能够反映海洋科研、教育、管理及服务等活动对海洋经济的贡献程度，该指标自2001年起年均降速为0.21%，表明海洋科研、教育和管理服务等活动对海洋经济的贡献程度呈现相对下降趋势。

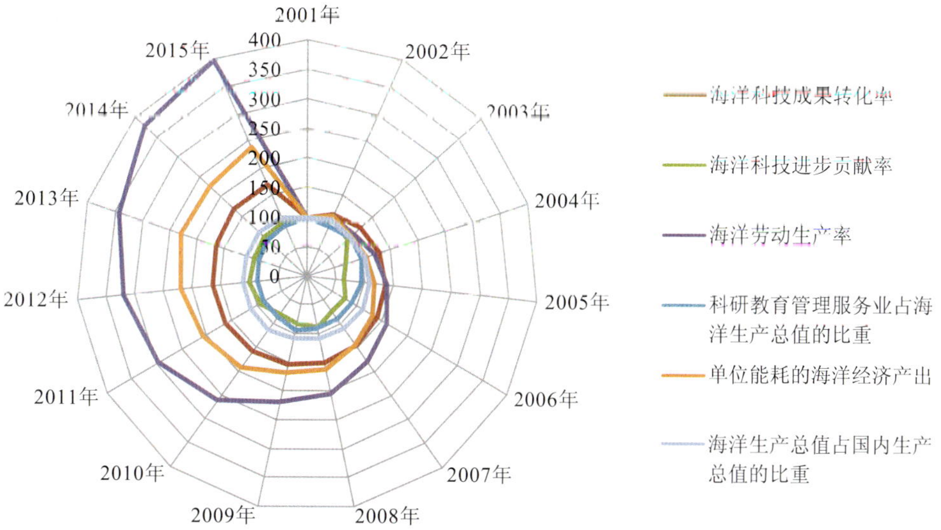

图3-12　海洋创新绩效分指数及其指标得分对比分析

“单位能耗的海洋经济产出”采用万吨标准煤能源消耗的海洋生产总值，测度海洋创新带来的减少资源消耗的效果，也反映出一个国家海洋经济增长的集约化水平。2001—2015年间，“单位能耗的海洋经济产出”指标增长迅速，年均增长速度为6.54%，呈现稳定的增长态势。

“海洋生产总值占国内生产总值的比重”反映海洋经济对国民经济的贡献，用来测度海洋创新对海洋经济的推动作用。图3-11和图3-12表明，该指标变化不明显，2015年其得分仅比2001年增长9分，增长速度缓慢，2001—2015年期间的年均增速0.66%。

六、海洋创新环境分指数评估

海洋创新环境包括创新过程中的硬环境和软环境，是提升我国海洋创新能力的重要基础和保障。海洋创新环境分指数反映一个国家海洋创新活动所依赖的外部环境，主要是制度创新和环境创新。海洋创新环境分指数选取以下4个指标：①沿海地区人均海洋生产总值；②R&D经费中设备购置费所占比重；③海洋科研机构科技经费筹集额中政府资金所占比重；④海洋专业大专及以上应届毕业生人数。

（一）海洋创新环境明显改善

2001—2015年，海洋创新环境分指数总体上呈现稳步增长态势（见表3-7、图3-13和图3-14），由2001年的100上升至2015年的393，年均增速达到10.78%，其中2009年增速为47.48%，达到峰值，这主要得益于其指标“海洋专业大专及以上应届毕业生人数”的迅速增长，2009年全国海洋专业大专及以上应届毕业生人数是2008年的2.07倍，指标得分由2008年的309增长至2009年的639。2009年以来我国海洋教育发展迅猛，对海洋创新环境的改善有重要的推动作用，但在近两年我国海洋专业大专及以上应届毕业生人数开始下降，2015年海洋创新环境分指数首次出现负增长，海洋创新环境的发展需要得到进一步的重视。

表3-7　海洋创新环境分指数及其指标历年得分

年份	分指数	指标			
	海洋创新环境	沿海地区人均海洋生产总值	R&D经费中设备购置费所占比重	海洋科研机构科技经费筹集额中政府资金所占比重	海洋专业大专及以上应届毕业生人数
	B_5	C_{22}	C_{23}	C_{24}	C_{25}
2001	100	100	100	100	100
2002	108	118	109	96	111
2003	117	124	108	81	157
2004	126	150	121	63	171
2005	139	180	121	64	191
2006	158	215	129	62	228
2007	193	255	180	70	267
2008	207	292	157	69	309
2009	305	314	216	51	639
2010	335	379	152	49	761
2011	363	433	123	49	847
2012	379	490	128	53	846
2013	391	528	115	55	866
2014	395	587	117	57	819
2015	393	622	115	62	772

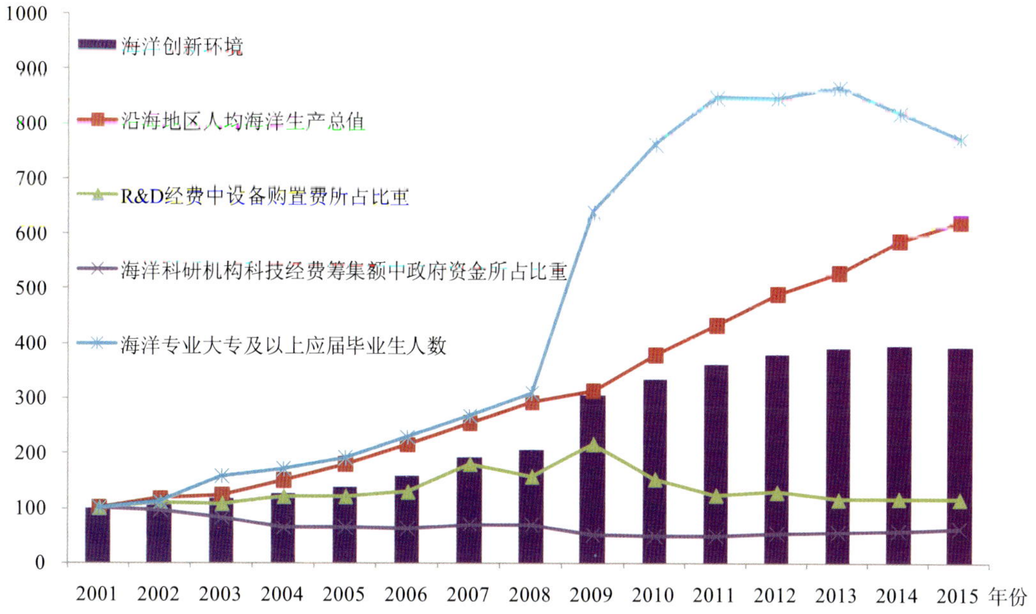

图3-13　海洋创新环境分指数及其指标得分变化趋势

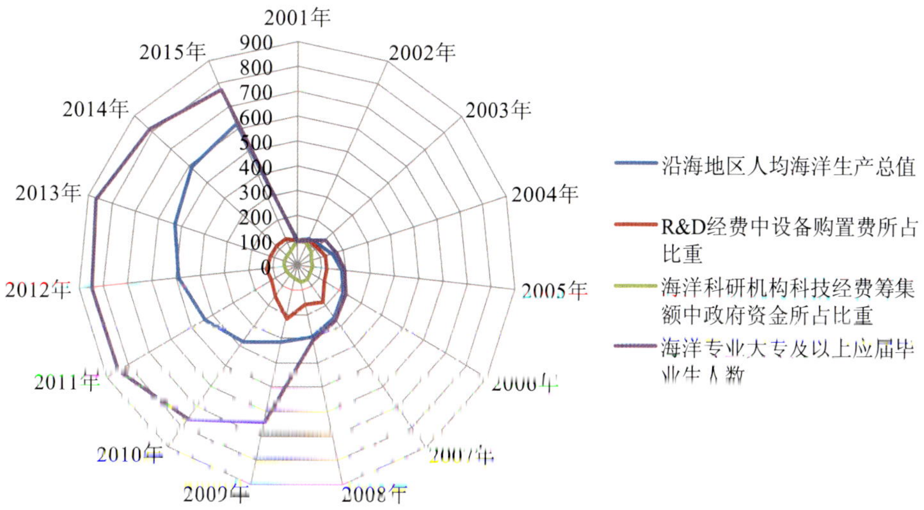

图3-14　海洋创新环境分指数及其指标得分对比分析

（二）优势指标与劣势指标并存

在海洋创新环境分指数的指标中，一直保持上升趋势的指标是“沿海地区人均海洋生产总值”和“海洋专业大专及以上应届毕业生人数”。其中，“沿海地区人均海洋生产总值”得分呈现明显的上升趋势，年均增速为14.08%，在4个指标中，该指标与海洋创新环境分指数的得分和走势都最为接近。从“海洋专业大专及以上应届毕业生人数”来看，2015年此项指标得分是2001年的7.72倍，年均增速达18.81%，在4个指标中增长最快。

相对劣势指标为“R&D经费中设备购置费所占比重”和“海洋科研机构科技经费筹集额中政府资金所占比重”。“R&D经费中设备购置费所占比重”得分有一定的波动，总体呈下滑趋势，最高值出现在2009年，之后逐渐下降，由2009年的216下降至2015年的115。“海洋科研机构科技经费筹集额中政府资金所占比重”得分整体呈现下滑趋势，得分由2001年的100降至2014年的62。

第四章　区域海洋创新指数评估分析

区域海洋创新是国家海洋创新的重要组成部分，其发展深刻影响着国家海洋创新的格局。本报告对区域海洋创新的发展现状和特点进行分析，为我国海洋创新格局的优化提供数据基础和决策依据。

《推动共建丝绸之路经济带和21世纪海上丝绸之路的愿景与行动》中提出要“利用长三角、珠三角、海峡西岸、环渤海等经济区开放程度高、经济实力强、辐射带动作用大的优势”。从“一带一路”发展思路和我国沿海区域发展角度分析，我国沿海地区应积极优化海洋经济总体布局，实行优势互补、联合开发，充分发挥环渤海经济区、长江三角洲经济区、海峡西岸经济区、珠江三角洲经济区和环北部湾经济区五个经济区①②（海洋经济区的界定见附录九）的引领作用，推进形成我国北部、东部和南部三大海洋经济圈③（海洋经济圈的界定见附录九）。

从我国沿海省（市、区）的区域海洋创新指数（区域海洋创新指数评估方法和指标体系说明见附录四）来看，2015年，我国11个沿海省（市、区）可分为四个梯次，第一梯次为上海；第二梯次为山东、广东和天津；第三梯次为福建、江苏、辽宁、浙江和河北；第四梯次为海南和广西。

从五个经济区的区域海洋创新指数来看，2015年，区域海洋创新能力较强的地区为珠江三角洲经济区、长江三角洲经济区以及环渤海经济区的大部，这些地区均有区域创新中心，而且呈现多中心的发展格局。

从三个海洋经济圈的区域海洋创新指数来看，2015年，我国海洋经济圈呈现北部、东部强而南部较弱的特点。北部海洋经济圈和东部海洋经济圈的区域海洋创新指数较高，表现出很强的原始创新能力，充分显示出我国重要海洋人才集聚地和海洋经济产业重点发展区域的优势。

---

① 本次评估仅包括我国大陆11个沿海省（市、区），不涉及香港、澳门和台湾。

② 环渤海经济区中纳入评估的沿海省（市、区）为辽宁、河北、山东、天津；长江三角洲经济区中纳入评估的沿海省（市、区）为江苏、上海、浙江；海峡西岸经济区中纳入评估的沿海省（市、区）为福建；珠江三角洲经济区中纳入评估的沿海省（市、区）为广东；环北部湾经济区中纳入评估的沿海省（市、区）为广西和海南。

③ 海洋经济圈分区依据是《全国海洋经济发展“十二五”规划》。北部海洋经济圈由辽东半岛、渤海湾和山东半岛沿岸及海域组成，即纳入评估的沿海省（市、区）包括天津、河北、辽宁和山东；东部海洋经济圈由江苏、上海、浙江沿岸及海域组成，即纳入评估的沿海省（市、区）包括江苏、浙江和上海；南部海洋经济圈由福建、珠江口及其两翼、北部湾、海南岛沿岸及海域组成，即纳入评估的沿海省（市、区）包括福建、广东、广西和海南。

一、从沿海省（市、区）看我国区域海洋创新发展

（一）区域海洋创新指数

整体来看，根据2015年区域海洋创新指数得分（见表4-1和图4-1），可将我国大陆11个沿海省（市、区）划分为4个梯次（见图4-2）。

表4-1　2015年沿海省（市、区）区域海洋创新指数与分指数得分

沿海省（市、区）	综合指数	分指数			
	区域海洋创新指数	海洋创新资源	海洋知识创造	海洋创新绩效	海洋创新环境
	a	b_1	b_2	b_3	b_4
上海	64.27	76.03	35.32	86.80	58.95
山东	55.60	50.79	54.41	50.99	66.20
广东	52.15	50.18	61.08	53.76	43.57
天津	51.92	60.61	25.50	73.67	47.90
福建	46.39	44.39	25.10	51.45	64.63
江苏	45.09	61.92	39.15	42.10	37.22
辽宁	44.96	55.32	60.30	31.02	33.18
浙江	35.41	43.78	21.77	34.54	41.54
河北	32.31	46.81	37.31	14.99	30.14
海南	26.94	15.41	6.41	53.68	32.29
广西	17.14	21.96	8.42	8.61	29.57

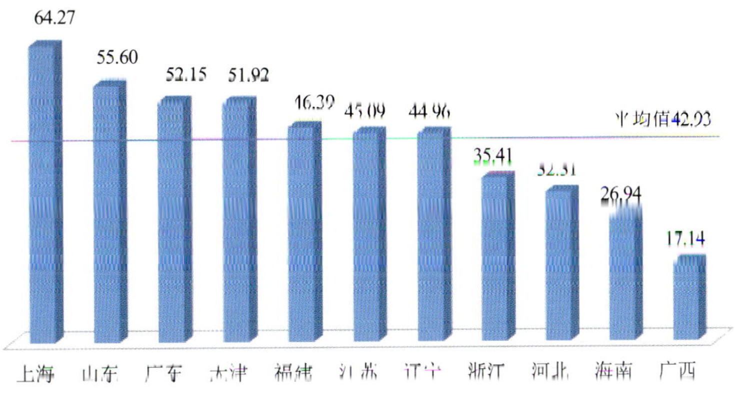

图4-1　2015年沿海省（市、区）区域海洋创新指数得分及平均分

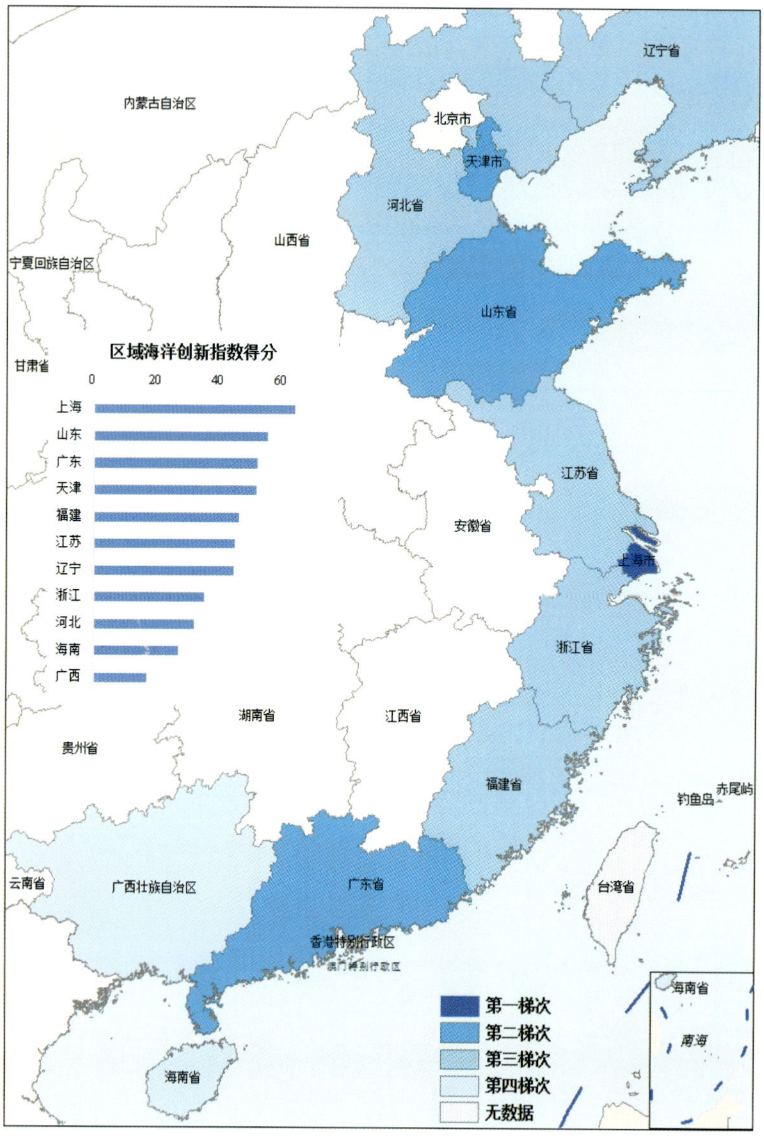

图4-2 2015年我国11个沿海省（市、区）区域海洋创新指数梯次分布

从区域海洋创新指数来看，第一梯次为上海，其区域海洋创新指数得分为64.27，相当于国内平均水平的1.50倍，位居我国大陆11个沿海省（市、区）首位。上海市海洋创新发展具备坚实的基础，表现出很强的海洋科技原始创新能力；第二梯次

为山东、广东和天津，其区域海洋创新指数得分分别为55.60、52.15、51.92，高于11个沿海省（市、区）的平均分值42.93。这些地区有一定的海洋创新基础，长期以来积累了大量的创新资源，创新环境较好，创新绩效显著；第二梯次为福建、江苏、辽宁、浙江和河北，其区域海洋创新指数得分分别为46.39、45.09、44.96、35.41、32.31，与平均分值相近。这些地区近年来海洋经济发展较快，创新资源不断增多，创新环境明显改善，知识创造与创新绩效都进步较快；第四梯次为海南和广西，其区域海洋创新指数得分分别为26.94和17.14，远低于国家的平均水平。从横向比较来看，海南和广西海洋创新资源薄弱，知识创造效率不高，创新环境有待改善。

从海洋创新资源分指数来看，2015年，海洋创新资源分指数得分超过平均分的沿海省（市、区）有上海、江苏、天津、辽宁、山东和广东（见图4-3）。其中，上海的区域海洋创新资源分指数得分为76.03，远高于其他地区，上海对经费和人力的投入强度均位于11个沿海省（市、区）首位，江苏、天津、辽宁、山东和广东的区域海洋创新资源分指数得分分别为61.92、60.61、55.32、50.79和50.18，这主要得益于高质量海洋创新人才和人力资源投入。

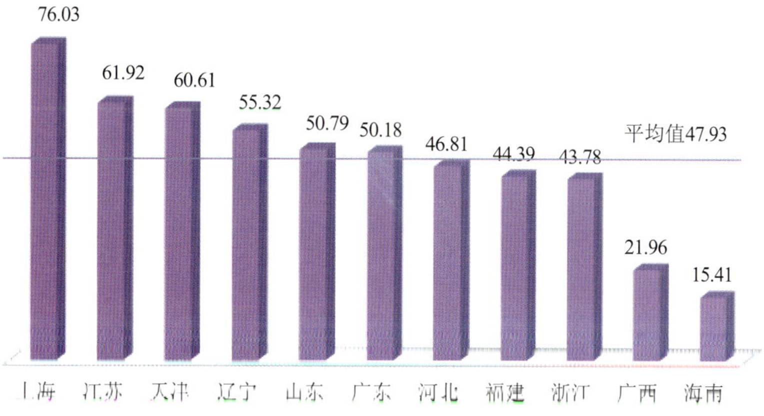

图4-3　2015年沿海省（市、区）区域海洋创新资源分指数得分及平均分

从海洋知识创造分指数来看，2015年，我国海洋知识创造分指数得分超过平均分的沿海省（市、区）为广东、辽宁、山东、江苏、河北和上海（见图4-4）。其中，广东的区域海洋知识创造分指数得分为61.08，这与广东高产出、高质量的海洋

科技著作和论文密不可分；辽宁的区域海洋知识创造分指数得分为60.30，远高于其他地区，这主要得益于海洋科技发明专利；山东的区域海洋知识创造分指数得分为54.41，其中主要贡献来自海洋科技著作和论文；江苏的区域海洋知识创造分指数得分为39.15，其主要贡献来自于高产出、高质量的论文；河北的区域海洋知识创造分指数得分为37.31，其在海洋科技著作和论文的发表量上位居11个沿海省（市、区）前列，但专利数量和论文质量还有待提高。上海的区域海洋知识创造分指数得分相对较低，为35.32。

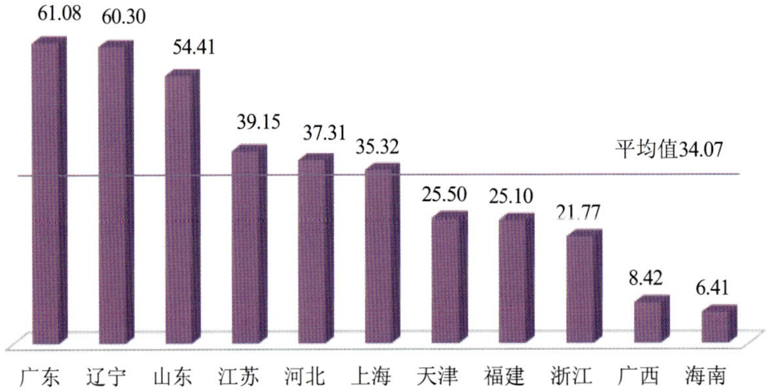

图4-4　2015年沿海省（市、区）区域海洋知识创造分指数得分及平均分

从海洋创新绩效分指数来看，2015年，海洋创新绩效分指数得分超过平均分的沿海省（市、区）有上海、天津、广东、海南、福建和山东（见图4-5）。其中，上海的区域海洋创新绩效分指数得分为86.80，主要原因在于其劳动生产率远高于其他地区，且拥有良好的海洋经济产出；天津的区域海洋创新绩效分指数得分为73.67，紧随上海之后，这也得益于较好的海洋经济产出；广东、海南、福建和山东的区域海洋创新绩效分指数得分分别为53.76、53.68、51.45、50.99，海洋创新绩效各方面良好，整体处于全国平均水平之上。

从海洋创新环境分指数来看，2015年，海洋创新环境分指数得分超过平均分的沿海省（市、区）有山东、福建、上海、天津（见图4-6）。其中，山东拥有良好的海洋创新人才环境和政府资金环境，其区域海洋创新环境分指数得分为66.20，高于其他地区；福建的区域海洋创新环境分指数得分为64.63，这得益于其优越的海洋设备和政府资金环境；上海的区域海洋创新环境分指数得分为58.95，其拥有较好的海洋创新资金环境和较高的人均海洋生产总值；天津的区域海洋创新环境分指数得分为47.90，其拥有很高的人均海洋生产总值。

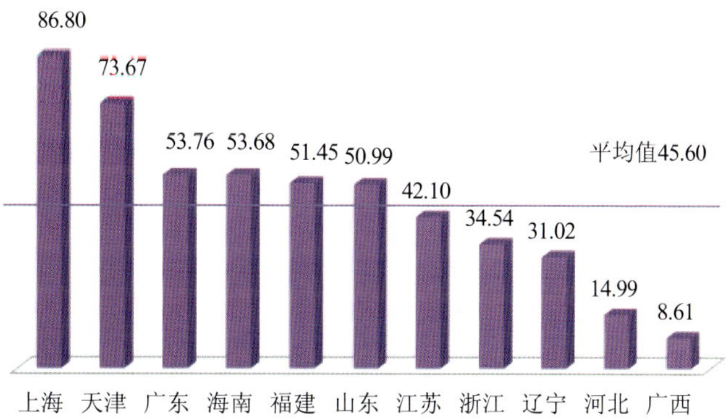

图4-5 2015年沿海省（市、区）区域海洋创新绩效分指数得分及平均分

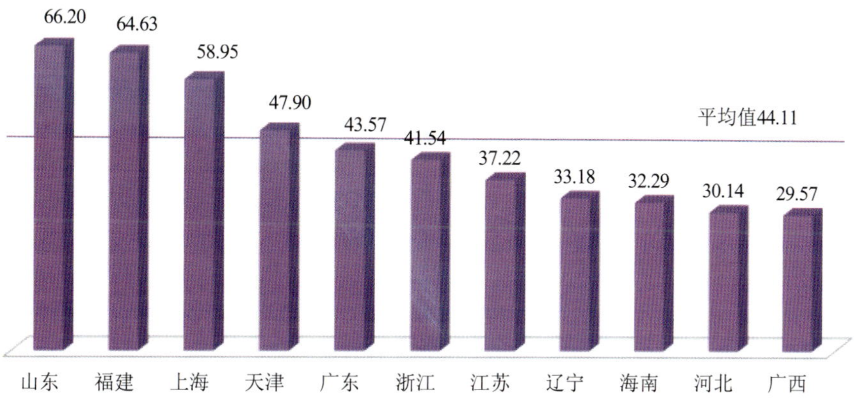

图4-6 2015年沿海省（市、区）区域海洋创新环境分指数得分及平均分

（二）海洋创新能力与经济发展水平强相关

区域海洋创新能力与经济发展水平有着密切的联系。通过反映经济发展水平的“沿海地区人均GDP”与“区域海洋创新指数”关系示意图可知（见图4-7），第一象限中的沿海地区人均GDP较高，区域海洋创新指数高于全国平均水平，都是上述第一和第二梯次的地区；第四象限中的地区人均GDP相对较高，但区域海洋创新

指数低于全国平均水平，均为第三梯次的地区；第三象限中人均GDP相对较低、区域海洋创新指数低于全国平均水平的地区，其中海南和广西都是第四梯次的地区；没有一个地区处于人均GDP较低，但区域海洋创新指数高于全国平均水平的第二象限，可以说明海洋创新活动与沿海区域经济发展水平之间具有强相关性。

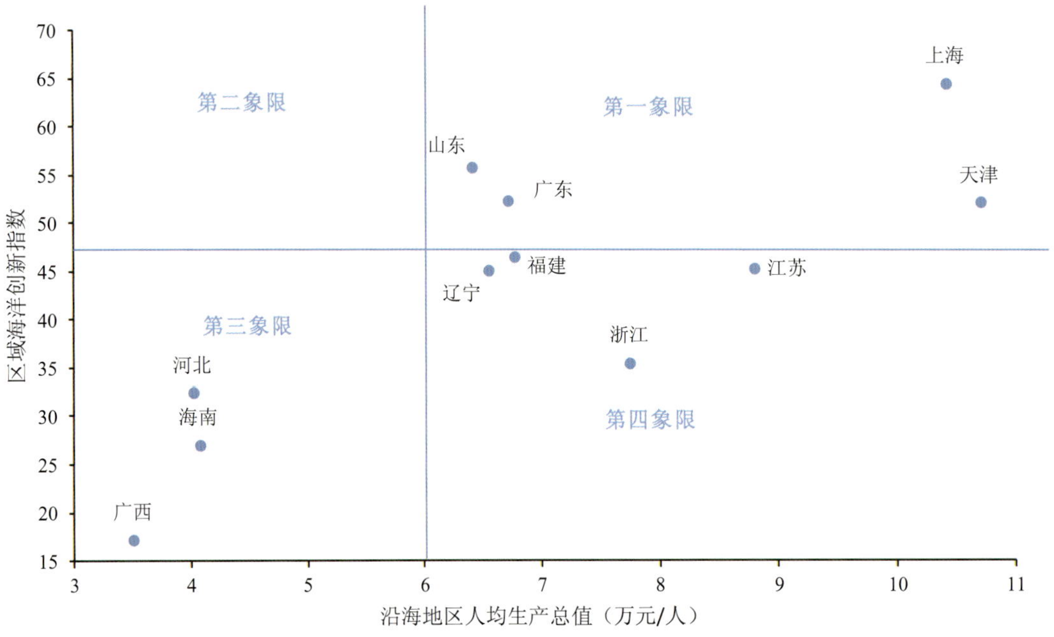

图4-7　2015年沿海省（市、区）人均GDP与区域海洋创新指数

同时，区域海洋创新能力与海洋经济发展水平之间也具有强相关性。由反映海洋经济发展水平的“沿海地区人均海洋生产总值”与“区域海洋创新指数”关系示意图（图4-8）可见：第一象限中的沿海地区人均海洋生产总值较高，区域海洋创新指数高于全国平均水平，也均是上述第一和第二梯次的地区；第四象限中人均海洋生产总值相对较高，区域海洋创新指数接近或者低于全国平均水平，包含上述处于第三梯次除河北以外的地区以及第四梯次的海南；第三象限中人均海洋生产总值和区域海洋创新指数均低于全国平均水平的地区，为第三梯次的河北和第四梯次的广西；没有一个地区处于人均海洋生产总值低于全国平均水平，但区域海洋创新指数高于全国平均水平的第二象限，说明海洋创新活动与沿海区域海洋经济发展水平

之间也具有强相关性。

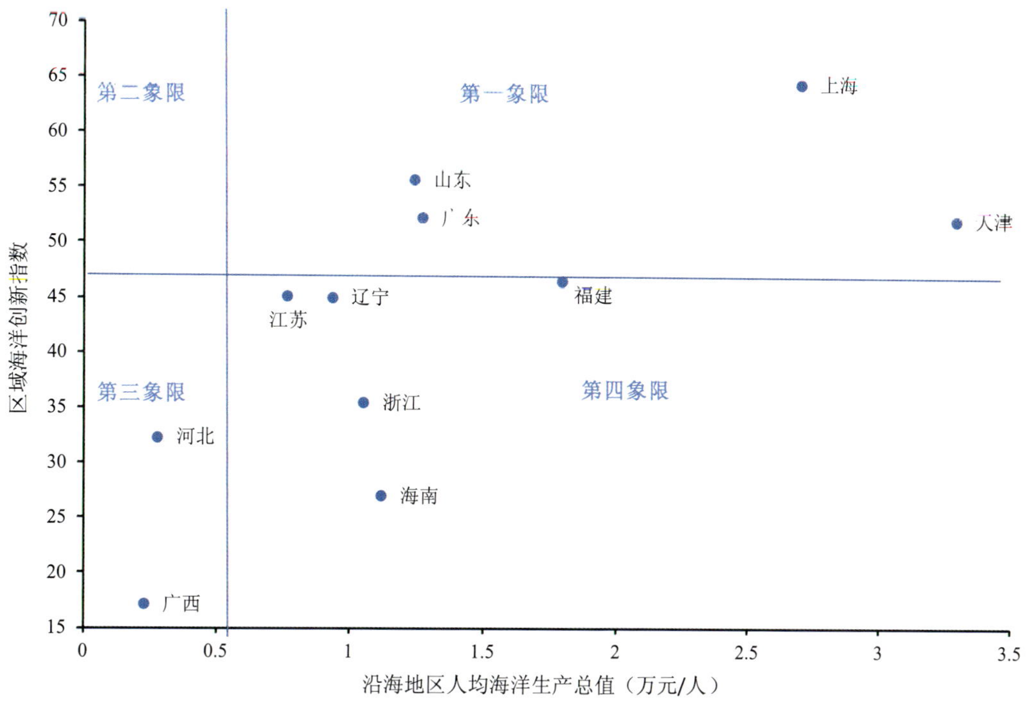

图4-8　2015年沿海省（市、区）人均海洋生产总值与区域海洋创新指数

二、从五大经济区看我国区域海洋创新发展

针对环渤海经济区、长江三角洲经济区、海峡西岸经济区、珠江三角洲经济区和环北部湾经济区五个经济区，具体分析如下。

环渤海经济区是指环绕着渤海全部及黄海的部分沿岸地区所组成的广大经济区域，是我国北部的“黄金海岸”，具有相当完善的工业基础、丰富的自然资源、雄厚的科技力量和便捷的交通条件，也是我国中西部发展的战略地区，在全国经济发展格局中占有举足轻重的地位。2015年，环渤海经济区的区域海洋创新指数为46.20（见表4-2和图4-9），略高于11个沿海省（市、区）的平均水平，但区域海洋创新环境和创新绩效均在平均水平之下，海洋创新发展有提升的空间。

表4-2　2015年我国5个经济区区域海洋创新指数与分指数

经济区	综合指数	分指数			
	区域海洋创新指数	海洋创新资源	海洋知识创造	海洋创新绩效	海洋创新环境
	a	b_1	b_2	b_3	b_4
环渤海经济区	46.20	53.38	44.38	42.67	44.35
长江三角洲经济区	48.26	60.57	32.08	54.48	45.90
海峡西岸经济区	46.39	44.39	25.10	51.45	64.63
珠江三角洲经济区	52.15	50.18	61.08	53.76	43.57
环北部湾经济区	22.04	18.68	7.41	31.14	30.93
平均值	43.01	45.44	34.01	46.70	45.88

长江三角洲经济区位于我国东部沿海、沿江地带交汇处，区位优势突出，经济实力雄厚。长江三角洲经济区以上海为核心，以技术型工业为主，技术力量雄厚，前景好，政府支持力度大，环境优越，教育发展好，人才资源充足，是我国最具发展活力的地区。2015年，长江三角洲经济区的区域海洋创新指数为48.26，高于11个沿海省（市、区）的平均水平，大量的海洋创新资源为长江三角洲经济区海洋科技与经济发展创造了良好的条件，海洋创新成果显著。

海峡西岸经济区是以福建为主体包括周边地区，南北与珠三角、长三角两个经济区衔接，东与台湾省、西与江西的广大内陆腹地贯通，是具备独特优势的地域经济综合体，具有带动全国经济走向世界的特点。2015年，海峡西岸经济区的区域海洋创新指数为46.39，略高于11个沿海省（市、区）的平均水平，区域海洋创新环境与海洋创新绩效高于平均水平，有着较好的发展潜质，但创新绩效与知识创造水平较低，企业创新能力不强，海洋创新发展能力有待进一步提升。

珠江三角洲经济区主要指我国大陆南部的广东省，与香港、澳门两大特别行政区接壤，科技力量与人才资源雄厚，海洋资源丰富，是我国经济发展最快的地区之一。珠江三角洲经济区的区域海洋创新指数为52.15，高于11个沿海省（市、区）的平均水平且在5个经济区中位居首位，海洋创新资源密集，知识创造硕果累累，创新绩效成绩斐然。

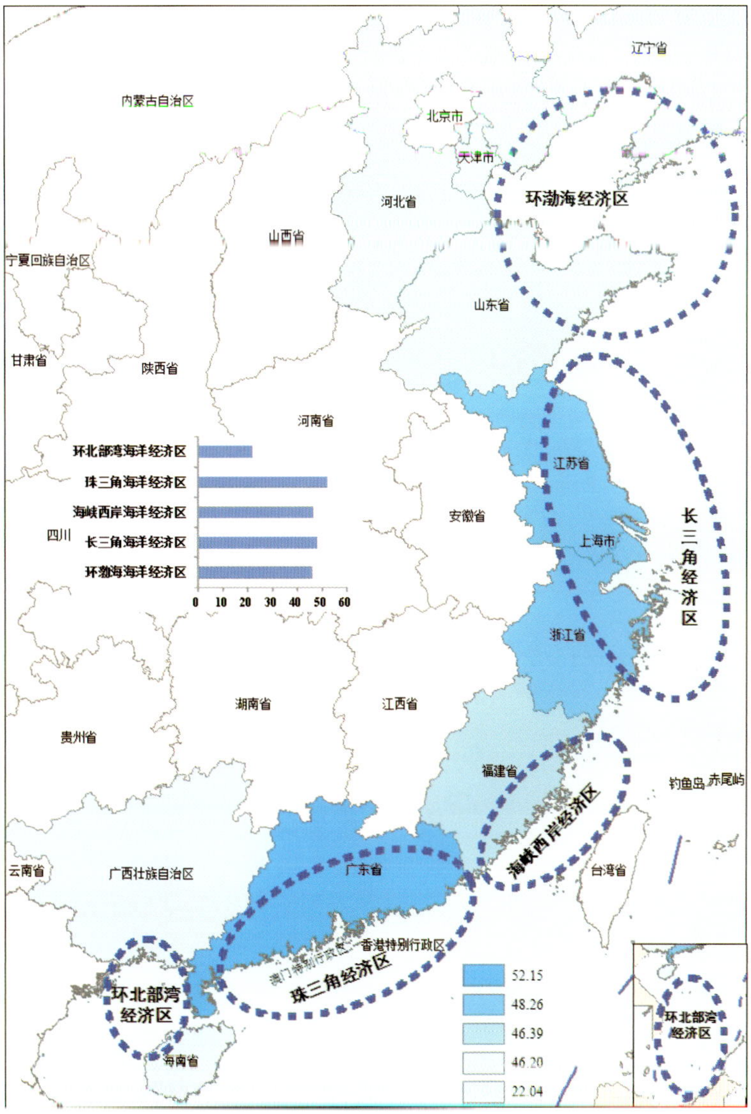

图4-9　2015年我国5个经济区区域海洋创新指数

环北部湾经济区地处华南经济圈、西南经济圈和东盟经济圈的结合部，是我国西部大开发地区中唯一的沿海区域，也是我国与东盟国家既有海上通道又有陆地接壤的区域，区位优势明显，战略地位突出。环北部湾经济区的区域海洋创新指数为22.05，远低于11个沿海省（市、区）的平均水平，在5个经济区中居末位，创新指数的4个分指数得分均比较低，与长江三角洲及珠江三角洲经济区的差距较大。

三、从三大海洋经济圈看我国区域海洋创新发展

2015年，东部海洋经济圈的海洋创新指数为48.26，居三大海洋经济圈之首（见表4-3和图4-10）。4个分指数中得分较高的是海洋创新资源分指数和海洋创新绩效分指数，分别为60.57和54.48，两个分指数对该区域的海洋创新指数有较大的正贡献，充分说明该区域优势突出，经济实力雄厚，优质的海洋创新资源为区域海洋科技与经济发展创造了良好的条件。得分较低的是海洋知识创造和海洋创新环境分指数，分别为32.08、45.90，对区域海洋创新指数呈现负效应（见图4-11）。

表4-3　2015年我国三大海洋经济圈区域海洋创新指数与分指数

经济区	综合指数	分指数			
	区域海洋创新指数	海洋创新资源	海洋知识创造	海洋创新绩效	海洋创新环境
	a	b_1	b_2	b_3	b_4
北部海洋经济圈	46.20	53.38	44.38	42.67	44.35
东部海洋经济圈	48.26	60.57	32.08	54.48	45.90
南部海洋经济圈	35.66	32.98	25.25	41.87	42.52

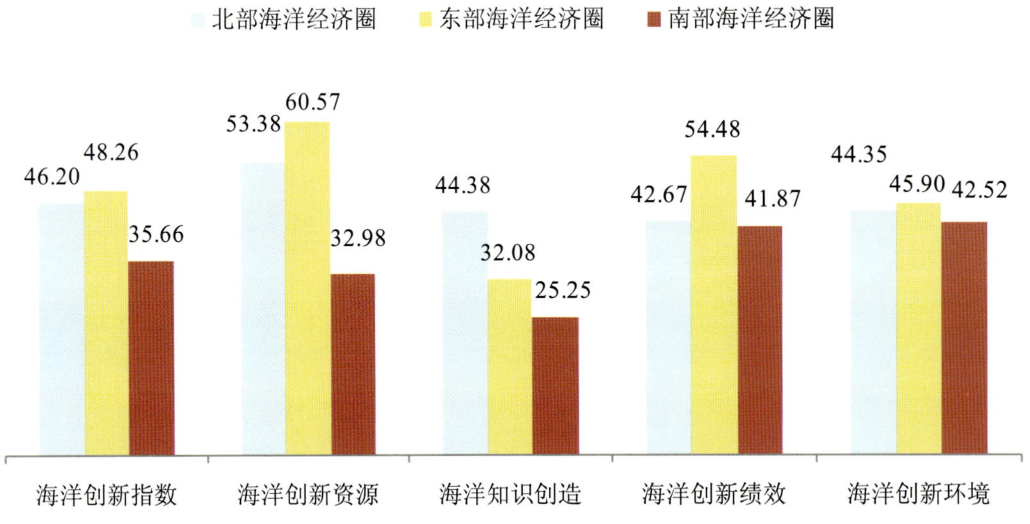

图4-10　2015年我国三大海洋经济圈海洋创新指数与分指数得分

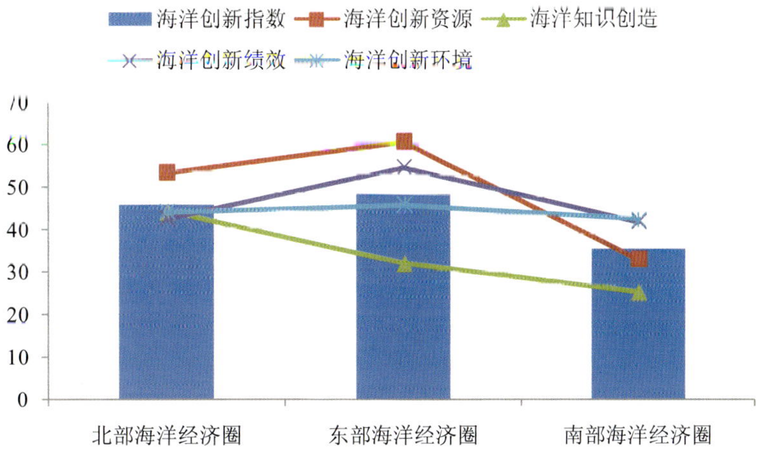

图4-11 2015年我国三大海洋经济圈区域海洋创新指数与分指数关系

北部海洋经济圈的海洋创新指数为46.20，得分在三大海洋经济圈居中。4个分指数中海洋创新资源对海洋创新指数有正贡献作用，得分为53.38；海洋创新绩效的得分比较低，为39.98。北部海洋经济圈的海洋创新指数得分较低的原因主要在于海洋创新绩效相对较弱，海洋创新发展有待进一步提高。值得注意的是，北部海洋经济圈的海洋知识创造分指数得分在三大经济圈中最高，得益于其“本年出版科技著作”和“万名科研人员发表的科技论文数”等指标，说明北部海洋经济圈海洋科研产出能力和知识传播能力较强，尤其是出版的科技著作种类较多。

南部海洋经济圈的海洋创新指数为35.66，在三大海洋经济圈中最低。4个分指数得分差异化较大，其中，海洋创新环境和海洋创新绩效两个分指数得分较高，分别为42.52和41.87；海洋知识创造和海洋创新资源分指数得分较低，分别为25.25和32.98，是造成海洋创新指数较低的主要因素。南部海洋经济圈在三大海洋经济圈中得分最低，提升空间较大。在以后的海洋创新发展过程中，需要进一步发挥珠江口及西翼的创新总体优势，带动福建、北部湾和海南岛沿岸发挥区位优势共同发展，使海洋创新驱动经济发展的模式辐射至整个南部海洋经济圈。

第五章　我国海洋创新能力的进步与展望

习近平总书记强调“要发展海洋科学技术，着力推动海洋科技向创新引领型转变。要依靠科技进步和创新，努力突破制约海洋经济发展和海洋生态保护的科技瓶颈，要搞好海洋科技创新总体规划”。创新是引领经济增长最为重要的引擎，海洋创新更是指导海洋事业不断突破、实现海洋经济稳步健康发展的重要支撑。

从纵向发展趋势看，海洋创新资源、海洋知识创造、海洋企业创新、海洋创新绩效、海洋创新环境分指数均呈现出明显的上升态势，国家海洋创新指数的显著增长也充分证明了这一演变趋势，2001—2015年其年均增速为21.90%。这充分说明：我国海洋科技整体实力和竞争力不断增强，自主创新能力持续提高，海洋创新资源和知识产出规模大幅增长，海洋创新绩效日益凸显，海洋创新环境不断完善。

国家海洋创新能力与海洋经济发展相辅相成。我国海洋创新能力的提高，与海洋经济发展相互关联。2012—2015年国家海洋创新指数、海洋生产总值和国内生产总值的增速接近，不存在之前年度的较大差异，国家海洋创新能力基本与海洋经济发展水平保持一致，海洋创新对经济的贡献能力也同步提升。

国家“十二五”海洋科学和技术发展规划纲要指标进展较好。2015年，海洋生产总值占国内生产总值的比重达到9.43%、海洋科技进步贡献率达到64.2%、海洋科技成果转化率达到50.4%，基本实现了预期的规划目标。

一、国家海洋创新能力与海洋经济发展相辅相成

国家海洋创新能力与海洋经济发展相辅相成，海洋经济为海洋科技研发提供更为充足的资金保障，从而提高海洋资源利用效率；海洋科技的进步和创新能力的提高，又促进海洋经济和国民经济的增长。2002—2015年国家海洋创新指数、海洋生产总值和国内生产总值的增长速度均呈现波动趋势（见图5-1），年均增速分别为21.90%、14.82%和14.07%（见表5-1）。国家海洋创新指数增速在2009年出现波峰，而海洋生产总值和国内生产总值却跌入波谷。原因在于，2008年底的国际金融危机给我国国民经济和海洋经济发展带来了很大程度的负面冲击，但是国家通过增加投资推动大量企业走向海洋，拓展海洋经济新空间，海洋创新也随之迎来发展的巨大机遇。在金融危机负面影响逐渐消退、宏观经济形势回暖的有利外部环境下，2009—2015年期间，国家海洋创新指数及其增长速度恢复了总体平稳的上升趋势，海洋生产总值和国内生产总值增速逐渐回升。同时，2012—2015年国家海洋创新指数、海洋生产总值和国内生产总值的增速接近，不存在之前年度的较大差异，说明国家海洋创新能力基本与海洋经济发展水平保持一致。

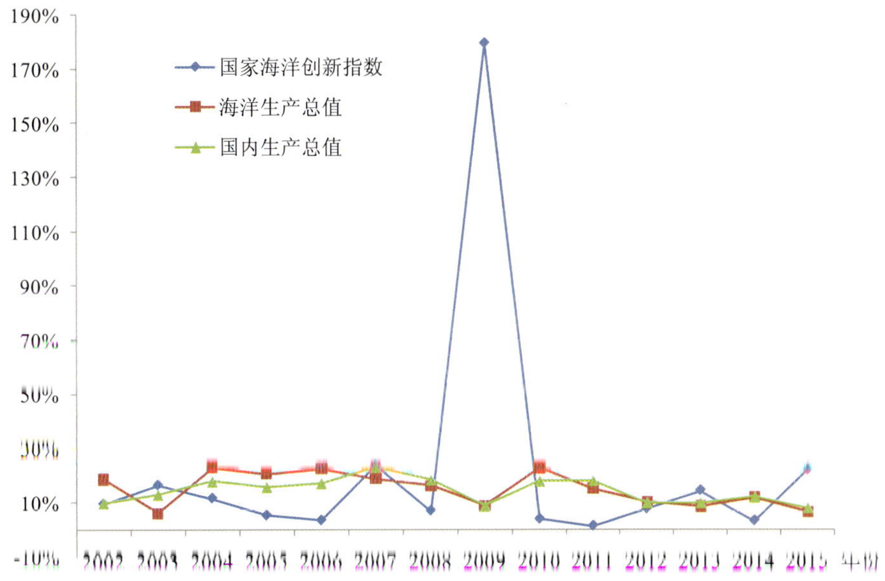

图5-1　2002—2015年国家海洋创新指数、海洋生产总值、国内生产总值增速变化

表5-1 国家海洋创新指数、海洋生产总值与国内生产总值增速（%）

年份	国家海洋创新指数增速	海洋生产总值增速	国内生产总值增速
2001	–	–	–
2002	9.45	18.41	9.74
2003	16.23	6.05	12.87
2004	11.41	22.67	17.71
2005	5.08	20.42	15.67
2006	3.25	22.30	16.97
2007	23.81	18.65	22.88
2008	6.77	16.00	18.15
2009	179.30	8.61	8.55
2010	3.70	22.60	17.78
2011	1.17	14.97	17.83
2012	7.40	10.00	9.69
2013	14.21	8.53	9.62
2014	3.07	11.76	11.83
2015	21.77	6.54	7.76
平均增速	21.90	14.82	14.07

二、国家“十二五”海洋科学和技术发展规划纲要指标进展

《国家“十二五”海洋科学和技术发展规划纲要》和《全国海洋经济发展“十二五”规划》等对“十二五”期间的海洋创新发展提出明确的目标要求，旨在引领“十二五”我国海洋创新发展。在“十二五”末，对这些目标实现情况进行数据分析是检验国家海洋创新能力发展情况的重要途径。根据“十二五”前期的多个数据和指标进行历史趋势分析，以全面回顾我国海洋创新的发展状况，具体见图5-1和表5-2。

2015年，海洋生产总值占国内生产总值比重达到9.43%，与规划预期目标十分接近；海洋科技进步贡献率达到64.2%、科技创新成果转化率达到50.4%，顺利实现预期规划目标。

表5 2 国家海洋“十二五”海洋科学和技术发展规划纲要主要指标完成情况

主要指标	“十一五”	“十二五”目标	实际情况	完成情况
海洋生产总值占国内生产总值比重		10%	9.43%（2011—2015年）	十分接近
海洋科技进步贡献率	54.5%	>60%	64.2%（2006—2015年）	完成
海洋科技成果转化率		>50%	50.4%（2000—2015年）	完成

展望未来，应进一步加大海洋创新资源投入力度，同时注重海洋创新的效率问题，发挥海洋创新的支撑引领作用，转变海洋经济发展方式，推动海洋经济转型升级，依靠海洋科技突破经济社会发展中的能源、资源与环境约束，让海洋创新成为驱动海洋经济发展与转型升级的核心力量，为海洋强国建设提供充足的知识储备和坚实的技术基础。

第六章　我国海洋经济创新发展区域示范专题分析

为贯彻落实党的十八大报告提出的“提高海洋资源开发能力，发展海洋经济，保护海洋生态环境，坚决维护国家海洋权益，建设海洋强国”的要求和国务院《关于加快培育和发展战略性新兴产业的决定》，2012年5月，财政部、国家海洋局联合下发通知，明确提出以发展海洋生物等战略性新兴产业为抓手，集中资金支持山东、浙江、福建和广东4省及计划单列市开展海洋经济创新发展区域示范。2014年，财政部、国家海洋局又批准江苏省和天津市成为全国海洋经济创新发展区域示范地区，批复了其区域示范实施方案。

2015年，我国海洋经济创新发展区域示范取得了卓越成果，在成果转化与产业化、海洋产业公共服务平台和海洋公益性行业科研专项等方面均取得明显效果，未来发展趋势良好。

一、山东省区域示范实施情况

山东是海洋大省，海岸线长达3345千米，约占全国的1/6，拥有326个海岛，200多个海湾，海域面积15.95万平方千米，发展海洋经济具有得天独厚的自然环境条件。近年来，在财政部和国家海洋局的大力支持下，山东省积极适应海洋经济发展新常态，突出地方特色，创新体制机制和支持方式，推进产学研用一体化，扎实推进海洋经济创新发展区域示范工作，取得显著成效，为推动海洋经济发展发挥了主要作用。

2015年，山东省实现海洋生产总值12193亿元，同比增长12.10%，约占全省GDP的19.40%。2015年山东省海洋生物等战略性新兴产业实现新增产值643亿元，新增销售收入457亿元，新增税收61亿元，同比分别增长95.40%，105.80%和72.80%。

2015年，山东省支持海洋经济创新发展区域示范项目96个（产业化项目63个，平台类项目33个），其中新立项项目32个。培育4家年产值过30亿元的大型企业集团，7家年产值过10亿元的企业集团，23家年产值过亿元的中型生产企业和6个具有自主知识产权的创业型企业中心。形成3个具有自主核心知识产权的海洋工程装备配套产品。科研机构和企业的研发投入85亿元（含新上项目），申请（授权）专利1133项，转化技术成果234项。

二、福建省区域示范实施情况

2015年福建省实现海洋经济生产总值6880亿元，增长10%。“十二五”期间，全省海洋生产总值占全省GDP的比重由2010年的25%提高到2015年的27%左右。

生态环境明显改善。福建省在全国率先实行海洋环保目标责任考核制度、率先制定污染物控制指标、率先开展海洋放射性监测与评价工作，开展了海洋生态渔业资源保护十大行动。2015年，福建省近岸海域二类以上水质标准的海域面积达到66.10%，位居全国前列。

保障能力明显增强。2011年以来，全省共确权发放海域使用权证书1201宗，用海总面积33280公顷，确保了重大用海项目顺利落地实施。投入14亿元建设海洋防灾减灾“百千万工程”，建立了台湾海峡及福建近海海洋环境立体实时监测网，海洋观测预报能力显著提升；全面建成海上渔业安全应急指挥系统，渔船应急管理和救援能力进一步强化；新增各类渔港94个，渔船就近避风率提升至70%。

创新力度明显加大。全面实施科技兴海战略，渔业主导品种和主推技术到位率达96%以上；国家海洋局海岛研究中心、厦门南方海洋研究中心、福建省虚拟海洋研究院等海洋科技创新平台建设步伐加快，培育了一批海洋科技创新型企业，2015年海洋科技进步贡献率达59.50%。持续深化合作交流，在全国率先建立中国—东盟海产品交易平台，中国—东盟海洋合作中心落户厦门。

综合管理水平明显提升。加强海域资源市场化配置，2011年以来通过招拍挂出让海域使用权82宗、面积约1381公顷。在全国首批制定海岛保护规划，采取市场配置方式向社会公开出让无居民海岛。建设了福州、东山、平潭海洋维权执法基地，出色完成了国家下达的海洋维权巡航任务。深入开展福建海洋“蓝剑”联合执法行动，违法行为逐年减少。

2015年，福建省共培育规模以上海洋企业56家，建立省市级企业工程技术中心

30多家，创新技术成果转化153项（其中来源于海洋公益性行业科研专项经费成果19项，863等国家专项成果16项，省级专项成果42项，自主研发成果 76 项）。新申请发明专利143项，申请实用专利80项，获得授权专利122项，申请制定标准39项，软件、专著、技术报告等44项，发表研究论文15篇。

三、广东省区域示范实施情况

2015年，广东海洋经济继续稳步发展，全年实现海洋生产总值约1.52万亿元，同比增长10.50%，占全省地区生产总值的20.90%，连续21年居全国首位，继续保持全国领先。海洋三次产业比例由2010年的2.4：47.5：50.1调整为2015年的1.6：46.9：51.5。

2015年，广东省严格按照《广东省海洋经济创新发展区域示范总体工作实施方案》的要求抓好年度总体目标落实，资金投入、成果转化与产业化、产业公共服务平台建设、海域海岸带整治修复、协同创新机制和产业创新能力建设等各项指标完成情况良好。

资金投入方面，2015年广东省海洋经济创新发展区域示范各领域年投入超过60亿元；2015年新增实施成果转化与产业化和产业公共服务平台项目3个，项目预算投资1.65亿元。

海域海岸带整治修复方面，2015年广东省政府印发了加强海岸带保护利用工作方案。获得国家海域海岛修复资金2.73亿元，开展一批海洋生态修复试点。根据2014 年广东省海洋环境公报数据，全省近岸海域海水质量状况总体良好，约89.40%的海域水质符合第一类或第二类海水水质标准，3.70%的海域水质劣于第四类海水水质标准，较2013年降低6.40%。

海洋产业公共服务平台、行业公益专项项目实施、协同创新中心建设方面，2015年广东省海洋产业公共服务平台项目建设全面推进，完成制备海洋天然产物化合物2067个，入库化合物1719个；完成化合物活性筛选1453个，生物学活性确认568个，显著活性确认222个；信息平台目前记录化合物信息11461个，其中9608个已经文献公开报道。至2015年底，各项目实际到位资金8112万元，项目资金支出约6567

万元，资金执行率超过80%。已形成新产品（新材料、新工艺等）24项，发表各类科技论文108篇，申请国内外专利85项，软件著作权14项。获得省部级以上科技奖励2项。荣获2014年国家技术发明二等奖1项；荣获2013年中国专利奖优秀奖1项。出版著作1部。

产业创新能力方面，2015年广东省建成海洋生物高效健康养殖、海洋生物医药与制品、海洋装备等领域的技术成果转化基地25个，产业化园区55个以上，培育年产值超10亿元的企业20个以上。建成海洋战略性新兴产业集聚区3个，协同创新机制与产学研融合发展模式发展成熟。

产业发展方面，2015年广东省海洋生物等战略性新兴产业新增产值在2012年基础上超过1000亿元以上，产业年销售收入达到1671亿元，年创造税收63亿元以上。广东海洋生物等战略性新兴产业年均增长率与海洋经济总量保持全国领先。海洋产业结构和空间布局进一步优化，海洋三次产业的比例调整为1.6∶46.9∶51.5。

四、江苏省区域示范实施情况

2015年，江苏省海洋经济创新发展区域示范年度完成总投资共计8.58亿元（包含21个财政扶持项目），其中研发投入0.69亿元，实现新增产值30.10亿元，实现销售收入21.38亿元，利税2.62亿元，申请专利262项，转化成果40多项，形成新产品（新工艺/新装置/新技术/新方法等）117项，取得标准（软件/专著/技术报告）等76项，培养高级职称以上人才272名，建设市级以上企业研发中心、工程中心等39个，获得国家、省级科技奖项13项，培育规模以上企业13家。全省海洋装备和海水淡化产业产值达到450亿元左右。

成果转化及产业化方面，2015年江苏省共批复了19个成果转化项目（含上年度滚动支持7个），包括海水淡化3个，海洋装备12个，计划总投资8.1亿元。截止2016年3月底，完成年度总投资额8.23亿元，实现销售收入20.88亿元，利税2.51亿元，超额完成目标任务。

海洋公共服务平台方面，2015年，江苏省安排财政资金2800万元支持了中船重工第702研究所牵头组建的“江苏海洋装备创新公共服务平台”和江苏科技大学牵头组建的“江苏海洋装备数字化设计制造技术服务平台”，实施期限为2 年。2015年，两大平台围绕做大做强海洋装备产业，在促进产学研用一体化、突破技术瓶颈、培养高端人才等方面开展了一系列工作。完成年度总投资3459万元，开展培训、咨询、技术转移、设计开发、检测试验等服务300多次，服务省内外海工装备企事业单位近200家，培养高技术人才105人，申请专利74项，形成新产品（新工艺/新装置/新技术/新方法等）35项，取得标准（软件/专著/技术报告）等39项，获得国家科技进步二等奖1项，国家发明二等奖1项，省级科技奖4项。

五、天津市区域示范实施情况

2015年，天津海洋经济生产总值实现5506亿元，增长9.50%，占全市生产总值的33.30%。单位海岸线产出海洋经济规模达到35亿元，位居全国前列。海洋战略性新兴产业实现增加值630亿元，占全市海洋生产总值11.50%，年均增长超过18%，成为全市海洋经济重要增长点。其中，海水利用业技术和能力全国领先，海水淡化装机规模达到31.70万吨/日，约占全国的1/3。海水利用业带动海洋盐业、海洋化工业不断转型升级。2015年海水综合利用及关联产业实现增加值4.80亿元，海洋装备产业实现增加值565亿元。

2015年，天津市海洋经济创新发展区域示范启动实施国家批复重点项目43项，计划投资9.35亿元，实际完成投资5.69亿元，投资完成率达到60.80%。完成成果转化46项，申请专利303项，新增产品35项，新增新技术新工艺33项，新增行业技术标准46项。围绕项目建设研发中心、工程中心、中试基地42个，其中国家级研发中心3个，市级研发中心12个，企业研发中心10个，国家级工程技术中心1个，市级工程技术中心9个，企业工程技术中心2个，产业中试基地5个。各项指标均超过上年同期水平和实施方案要求。

2015年，天津市海水综合利用产业实现增加值4.80亿元，其中海水淡化和海水直接利用1.60亿元，浓海水制盐、化工等综合利用3.20亿元。海洋装备制造产业实现增加值565亿元。2015年，天津科技兴海立项11个，财政支持专项经费0.068亿元，带动企业和科研院所等配套经费0.25亿元，预计形成经济效益3亿～4亿元。

六、浙江省区域示范实施情况

2015年浙江省海洋生产总值6180.40亿元，比上年增长7.33%，高于国民经济现价增长速度0.5个百分点，比2010年增长63.20%，年均增长10.30%。其中第一产业447.83亿元，第二产业2342.73亿元，第三产业3389.86亿元，分别比上年增长4.74%、3.54%和10.49%，海洋经济占浙江省地区生产总值的比重为14.41%，比重略有上升。海洋经济三次产业结构比例为7.2∶37.9∶54.9。

2015年，浙江省重点建设沿海10大省级龙头产业集聚区。共规划设立了10大省级产业集聚区，并成为沿海地区海洋产业发展的主要平台。2015年沿海10大省级产业集聚区实现工业总产值5432.20亿元，比上年增长近40%；实现服务业营业收入3546.40亿元，比上年增长54.80%。至2015年底，沿海10大省级产业集聚区共引进1亿元以上投资的产业项目301个。

2015年，浙江省印发了《2015年度浙江海洋经济发展重大建设项目计划》，共安排项目479项，总投资8680亿元，其中2015年度计划投资1247亿元，通过推进海洋经济发展重大项目建设，拉动海洋经济项目投资持续增长，据测算，2015年沿海7市完成海洋经济有效投资额在2300亿元以上。

第七章　我国海洋科技投入产出效率专题分析

从全球范围来看，海洋科技已成为世界海洋强国争夺海洋领导地位和提高国际话语权的关键领域之一。我国海洋科技研究虽然起步较晚，但经过几十年的探索和发展，已进入跨越式发展的新阶段，海洋科技发展从“量的积累”阶段迈入“质的突破”阶段。在经济新常态下，合理配置海洋科技资源、提高海洋科技投入产出效率成为驱动我国海洋科技发展的强大动力。

创新是引领发展的第一动力。中共十八届五中全会提出“创新、协调、绿色、开放、共享”五大发展理念，首项就提及“创新”。“十三五”是实现海洋科技跨越式发展的战略机遇期，也是推动海洋科技创新再上新台阶的关键阶段。从国家层面回顾总结“十五”以来海洋科技投入产出效率的特点并进行预测分析，把握形势，对统筹推动“十三五”海洋科技工作具有实践和现实意义。

基于以上，本章以城市为基本研究单元，以海洋科技投入产出效率为研究对象，以2001—2015年海洋科研机构数据为基础，运用DEA模型，对全国涉海城市的投入产出效率进行测算并探索规律，测算结果显示，我国海洋科技投入效率呈现“北高、东高、南低”的特点。从区域分布来看，包括北京、天津、山东在内的我国北部地区科技投入产出综合效率最高，其次是包括上海、江苏、浙江以及福建在内的东部地区，南部地区较低。在此基础上开展我国“十五”至“十三五”海洋科技投入产出效率的回顾分析和趋势预测，为推动海洋科技发展提供数据支撑。

一、规律总结与趋势预测

海洋科技是推动我国海洋战略实施和蓝色经济发展的重要引擎，随着“建设海洋强国”战略的推进，海洋科研力量不断增强，但在全国海洋科技资源配置不均衡的态势下，海洋科技投入产出效率存在明显差异。基于海洋科技投入和产出数据，运用DEAP 2.1软件测算海洋科技投入产出综合效率、纯技术效率和规模效率（测算方法和过程见附录八），结果显示存在以下特点和规律。

（一）空间范围内呈现出“北高东高南低”的格局

根据地理空间分布，将全国涉海地区分为北、东、南、西南和中西部5个部分。其中，北部地区包括北京、天津、山东、河北、辽宁和黑龙江；东部地区包括上海、江苏、浙江以及福建；南部地区包括广东和海南两个省份；西南沿海地区则是指广西壮族自治区；部分内陆地区也存在相当强度的海洋科研实力，但因在区位和数据方面与广西壮族自治区存在明显差异，因此将其划分为中西部涉海地区。2001—2015年已有数据资料共涉及全国59个涉海城市，根据上述划分原则，北部地区有23个涉海城市；东部地区有17个涉海城市；南部地区有13个涉海城市；西南沿海地区和中西部涉海地区各有3个涉海城市（相关划分依据和涉海城市列表见附录九）。

总体来看（见表7-1），北部、东部、南部和西南沿海地区海洋科技投入产出综合效率偏低，未达到理想状态，且4个地区差距悬殊。纵向来看，除2006年以外，北部地区综合效率一直高于其他地区，东部地区高于南部和西南沿海地区，南部地区综合效率一直处于低水平状态，主要原因是在产出增长幅度不大的前提下海洋科技投入出现大幅度增长，由此造成海洋科技投入产出的低效率。西南沿海地区综合效率总体高于南部地区。从均值来看，2006—2015年各地区综合效率均值分别为0.477、0.426、0.257和0.358，北部地区优势明显，其次为东部和西南沿海地区，南部地区综合效率与其余3个地区存在明显差距。

尽管武汉、兰州和西安均为内陆城市，但是海洋科技投入产出综合效率一直保持高位运行的态势，2006—2009年始终保持最优状态，2010年后稍有下降，基本稳定在0.94以上，相比于其他4个地区，海洋科技投入产出效率具有明显优势。

由此可见，我国海洋科技投入产出效率存在明显的空间梯度差异，北部地区综合效率最高，其次是东部地区，相比之下南部和西南沿海地区综合效率较低，西南沿海地区略高于南部地区，中西部涉海地区则长期处于高位运行状态，总体上空间范围内呈现出“北高东高南低”的格局。

表7-1 2006—2015年各区域海洋科技投入产出综合效率

地区/年份	北部地区	东部地区	南部地区	西南沿海地区	中西部涉海地区
2006	0.454	0.397	0.176	0.474	1
2007	0.463	0.419	0.206	0.439	1
2008	0.465	0.413	0.23	0.407	1

续表7-1

地区/年份	北部地区	东部地区	南部地区	西南沿海地区	中西部涉海地区
2009	0.497	0.425	0.269	0.355	1
2010	0.484	0.396	0.268	0.293	0.976
2011	0.505	0.421	0.272	0.291	0.965
2012	0.487	0.429	0.26	0.292	0.954
2013	0.472	0.451	0.269	0.335	0.949
2014	0.472	0.445	0.297	0.335	0.943
2015	0.468	0.46	0.327	0.343	0.977
均值	0.477	0.426	0.257	0.358	0.976

注：采用步长为5的移动平均法对原始结果进行修匀处理。

（二）时间尺度上表现为区域间海洋科技投入产出效率差距缩小

区域层面上，各地区综合效率在时间尺度上表现为地区间差距逐渐缩小（见图7-1）。2006—2015年，北部地区综合效率均处于同时期全国高位水平，长期稳定在0.45以上；东部地区则保持在第二位，2010年之后综合效率一直保持在0.40以上，近几年与北部地区的差距微乎其微；南部和西南沿海地区综合效率相对较低，二者差距呈明显缩小趋势，2010年之后两地区综合效率水平相差不大，与北部和东部地区的差距逐渐缩小。从图7-1可以看出，4个地区综合效率浮动范围由2006年的0.15～0.50缩小到0.30～0.50，特别是北部和东部、南部和西南沿海地区间差距明显缩小。

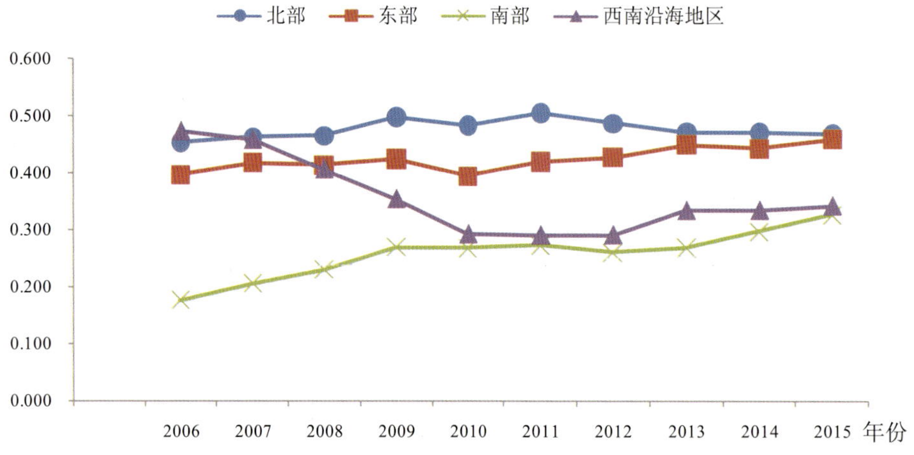

图7-1　2006—2015年区域海洋科技投入产出综合效率走势

（二）行政区位优势有利于海洋科技资源集聚，部分城市存在投入冗余

我国主要涉海城市包括直辖市、计划单列市和省会型城市，均具有一定的行政区位优势。由表7-2可以发现，行政区位优势在海洋科技资源配置中有着重要影响。2001—2015年，主要涉海城市海洋科技资金和人员投入占全国的比重分别由94.80%和90.27%变动为93.84%和89.33%，相比于2001年，尽管其海洋科技资源投入占比有所下降，但在资源投入方面仍具有绝对优势，可见在行政区位优势的主导下，我国海洋科技资源集中在直辖市、计划单列市和省会型涉海城市。

表7-2　2001年和2015年全国涉海城市海洋科技资源投入占比情况

城市	海洋科技资金投入		海洋科技人员投入	
	2001年占比（%）	2015年占比（%）	2001年占比（%）	2015年占比（%）
直辖市	43.10	53.07	40.48	47.06
计划单列市	26.96	15.02	24.75	11.18
省会型城市	24.75	25.74	25.04	31.09
其余涉海城市	5.19	6.16	9.73	10.67

通过对2001—2015年全国涉海城市海洋科技投入产出效率的测算发现，行政区位优势不仅会加速海洋科技资源集聚，而且对海洋科技投入产出效率也有重要影响，具体表现如下。

（1）传统海洋强市海洋科技发展水平总体较高，但在行政优势的主导下，表现为北京、上海、广州、天津存在明显的投入冗余现象。表7-3为我国8个传统海洋强市的DEA测算结果，从规模效率来看，北京、上海、广州、天津明显低于其余4个城市，多数年份处于规模报酬递减阶段，尤其是北京、上海和广州，规模效率在最优水平90%以下，海洋科技投入[illegible]北京、广州纯技术效率保持在DEA有效的80%以上，但规模效率偏低，可见影响其综合效率的主要原因是科技资源投入规模和产出间不相匹配。而天津规模效率相对有效，但纯技术效率仅为0.523，表明当前海洋科技资源管理技术和水平存在问题。相比之下，上海纯技术效率和规模效

率均在最优水平的70%～80%之间，在投入规模和管理技术方面均存在一定问题，但并不严重。由此可见，行政区位优势在为这些城市带来巨大海洋科技资源投入的同时，也降低了海洋科技投入产出效率。

表7-3 传统海洋强市海洋科技投入产出DEA测算结果分析

城市	综合效率平均值	纯技术效率平均值	规模效率平均值	crs次数	irs次数	drs次数
北京	0.659	0.906	0.722	2	0	13
上海	0.542	0.735	0.766	1	0	14
广州	0.629	0.889	0.704	2	0	13
天津	0.431	0.523	0.817	0	1	14
青岛	0.835	0.999	0.836	4	1	10
大连	0.353	0.405	0.910	2	10	3
杭州	0.505	0.565	0.906	1	5	9
厦门	0.462	0.494	0.934	2	6	7

（2）青岛、厦门、大连为计划单列市，杭州为省会型城市，具有一定的行政区位优势，同时也都是传统海洋强市。规模效率方面，4个城市均达到最优水平的80%以上，尤其是大连、杭州和厦门达到90%以上，海洋科技资源投入非常接近最优状态。但青岛、杭州和厦门长期处于规模报酬递减，大连长期处于规模报酬递增，海洋科技资源投入仍存在优化空间。纯技术效率方面，青岛处于最优水平，而大连、杭州和厦门均不足DEA有效的60%，提高科技资源管理技术和水平，是3个城市实现海洋科技投入与产出有效转化的重要途径。综上，初始发展条件优越、海洋科技创新起步较早使得这些城市海洋科技投入规模接近最优水平，总体上青岛海洋科技投入产出效率优势明显，厦门、杭州和大连仍需进一步提高。

（3）作为我国省会型城市的南京、武汉、兰州和西安，海洋科技投入产出效率处于相对有效水平。2001—2015年，南京、武汉、兰州和西安各DEA效率长期处于最优水平的80%以上，其中兰州和西安一直处于最佳状态，且4个城市均有一半以上时间处于规模报酬不变状态，海洋科技投入与产出实现了有效转化。可见这4个省会型城市的行政区位优势带来的巨大政策倾斜优势，不仅促进了海洋科技领域的快速发展，也实现了海洋科技投入产出的有效转化。

（四）海洋科技资源配置的空间差异

导致涉海城市间海洋科技投入产出效率的梯度差异，具体表现为海洋科技管理技术水平和资源投入规模的差异。基于测算结果，根据纯技术效率和规模效率两项指标的有效程度将我国涉海城市划分成以下4类（见表7-4）。

表7-4　基于纯技术效率和规模效率差异的全国涉海城市分类　　单位：次

类型	划分依据	代表城市
高效率型	技术效率＞0.8，规模效率＞0.8	青岛、南京、武汉、兰州
技术有效型	技术效率＞0.8，规模效率＜0.8	北京、上海、广州、深圳、珠海、济南、威海、海口
规模有效型	技术效率＜0.8，规模效率＞0.8	天津、大连、厦门、沈阳、舟山、杭州、南通、温州、烟台、盐城
低效率型	技术效率＜0.8，规模效率＜0.8	锦州、湛江、宁波

第一类高效率型是指海洋科技管理技术水平和资源投入规模均处于相对有效状态的涉海城市，即纯技术效率和规模效率在DEA80%有效以上。主要包括青岛、南京等传统涉海城市以及武汉、兰州等省会型城市。行政区位优势、政策倾斜优势以及雄厚的发展基础使得这些城市海洋科技投入产出效率接近最优水平，实现了有效转化。这些城市的规模经济效益都处于或接近于规模报酬不变的状态，表明海洋科技资源投入已相对缺乏弹性，在适当调整科技资源投入的同时还要注重海洋科技利用的内涵式发展，即强化科技资源利用效率，提升现有资源投入规模下的产出水平。

第二类技术有效型是指海洋科技管理技术水平处于相对有效状态，但资源投入规模存在问题的涉海城市，即纯技术效率在DEA80%有效以上，而规模效率不足最优水平的80%。主要包括北京、上海、广州和深圳等城市，这些城市海洋科技管理技术处于较高水平，但资源投入规模与最优水平仍存在一定差距。所不同的是，北京、上海、广州由于明显的行政区位优势，海洋科技投入存在明显的过剩现象，为技术有效投入冗余型涉海城市；而深圳、珠海、济南等城市作为我国新兴涉海城市，海洋科技投入产出仍以规模报酬递增为主，属于技术有效投入不足型涉海城市。此外还可以看出，泛珠三角地区涉海城市大多以技术有效型为主，可见继续加大海洋科技领域资源投入是提高我国南部地区投入产出效率的重要手段。

第三类规模有效型是指海洋科技资源投入规模处于相对有效状态，但科技管理水平与最优水平间存在差距，即规模效率在DEA80%有效以上，而纯技术效率低于最佳水平的80%，主要包括天津、厦门、舟山、杭州、南通等城市。值得注意的是，规模有效型城市多以长三角地区涉海城市为主，这些城市的规模经济效益已接近规模报酬不变水平，着重提升现有投入规模下的资源利用水平，应该是未来我国长三角地区提升海洋科技投入产出效率的重点。

第四类低效率型是指海洋科技管理技术水平和资源投入规模与最优水平存在较大差距的涉海城市，即纯技术效率和规模效率均不足最优水平的80%。主要包括湛江、宁波等，这些城市多位于我国环渤海、长三角和珠三角地区，应充分利用地理区位优势和快速发展优势，提高海洋科技投入产出效率。

（五）“十三五”前景广阔

“十三五”是实现海洋科技战略性突破的关键时期，海洋经济对海洋创新提出新的发展要求。开展“十五”至“十二五”时期海洋科技投入产出效率的回顾分析，总体上把握我国海洋科技发展趋势，对统筹推动“十三五”海洋科技发展意义重大。

以国家作为DEA评价的决策单元，测算2001—2020年全国海洋科技投入产出综合效率，并采用趋势分析法进行预测，结果如图7-2所示。总体来看，我国海洋科技投入产出效率呈现波动上升趋势，从移动平均结果来看，综合效率经历了快速上升—略有下降—平稳回升的走势。2008年之前海洋科技投入产出效率呈现迅速上升趋势，综合效率相对增长了90%。课题组认为原因在于，2001年中国加入世界贸易组织（WTO），逐步形成了全方位、多层次、宽领域的对外开放新格局；党的“十六大”提出“实施海洋开发战略”，为海洋事业的发展和海洋科技的兴起带来新的契机，海洋科技投入产出效率实现快速提升。2008—2012年综合效率略有下降，下降幅度约为17%。根据数据推断，主要原因在于海洋科技成果产出的增加往往具有滞后性，使得海洋科技投入产出水平短期内处于低效率状态。2012年之后综合效率呈现平稳回升的态势，2014年和2015年海洋科技投入产出效率均达到DEA有效水平。随着党的“十八大”“建设海洋强国”战略的提出，海洋科技的重要性达到前所未有的高度，海洋科技投入产出效率也实现进一步提升。根据移动平均曲线走势来看，2016—2020年综合效率仍会进一步提升，海洋科技发展逐步进入“质的突破”的战略新阶段。

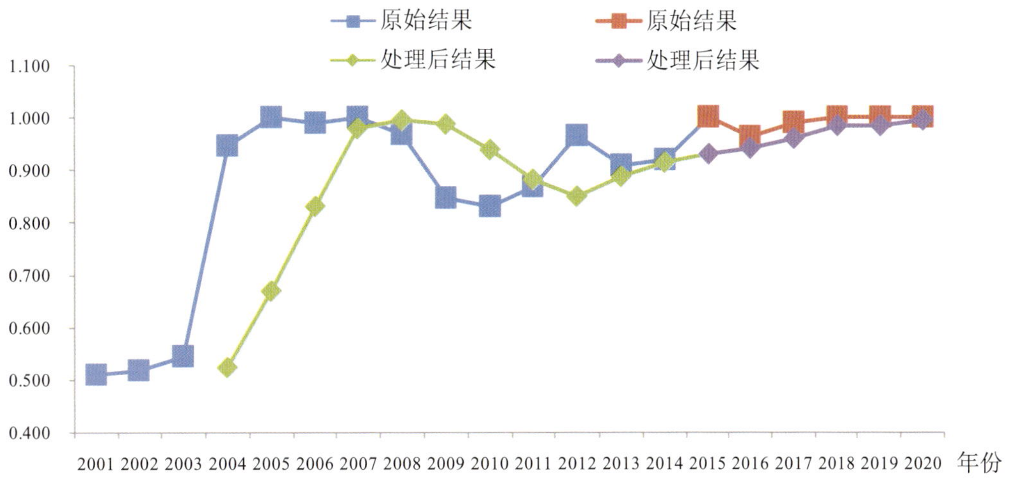

图7-2　2001—2020年全国海洋科技投入产出综合效率走势[1]

根据2001—2020年综合效率的分析结果，分别计算“十五”至“十三五”时期海洋科技投入产出综合效率的平均值（见表7-5），除“十五”以外，3个时期综合效率均达到最优水平90%以上，预计“十三五”时期综合效率平均值将会达到0.991。从增长幅度来看，“十一五”至“十二五”和“十二五”至“十三五”综合效率增长率分别为0.54%和6.22%，从侧面也反映出随着党的“十八大”以来国家对海洋重视程度的提高，海洋科技投入产出效率取得显著进步，结合图7-2和表7-5，

①采用步长为3的移动平均法对原始结果进行修匀处理，2016—2020年为预测值。

可以预见“十三五”时期海洋科技发展前景广阔。

表7-5 “十五”至“十三五”时期海洋科技投入产出综合效率平均值

时期	“十五”时期	“十一五”时期	“十二五”时期	“十三五”时期
1	0.511	0.991	0.870	0.964
2	0.518	1.000	0.965	0.991
3	0.546	0.968	0.909	1.000
4	0.946	0.848	0.920	1.000
5	1.000	0.831	1.000	1.000
平均值	0.704	0.928	0.933	0.991

二、对策建议

我国海洋科技正处于实现跨越式发展的最佳窗口期，发展机遇大于挑战。但行政区位优势、政策倾斜优势等因素造成的全国海洋科技资源配置及投入产出效率相差悬殊的局面，在未来相当长时间内仍会长期存在，如何实现海洋科技投入产出间有效转化将成为推动海洋科技向创新引领型转变的重要议题。

（1）以2016年12月12日印发的《全国科技兴海规划（2016—2020年）》为契机，结合《国家创新驱动发展战略纲要》、《“十三五”国家科技创新规划》的政策导向，深刻认识并把握重大战略部署对海洋科技的新要求和国内外海洋科技创新的新形势。完善海洋创新战略顶层设计，从国家层面对海洋科技创新给予政策和制度保障，实现海洋科技投入产出效率跨越式发展。立足我国海洋科技投入产出效率“北高东高南低”的现状，考虑对南部和西南沿海地区给予适当的政策倾斜，加快资本、人才、技术、信息等要素在地区间的流动和再分配。

（2）针对地区间海洋科技资源配置的空间差异以及城市间海洋科技投入产出效率的梯度差异，促进发达地区海洋科学技术向落后地区转移，合理配置区域海洋科技力量，建设诸如海洋虚拟研究院等海洋科技共享平台。总体而言，我国传统海洋强市的海洋科技发展水平不错，在适当调整海洋科技投入规模的同时，应坚持走提质增效发展道路，优化科技资源利用环境。而新兴涉海城市多为非高效率型城市，海洋科技投入产出效率水平较低，应充分发挥环渤海、长三角和珠三角等城市圈的辐射带动作用，通过人才流动、技术转移等方式提高海洋科技资源利用水平。

（3）涉海城市应加强政产学研间的协同合作，逐步改变科研机构或高校单方面进行海洋科技研发的方式，鼓励企业和研究机构或高校共建科技研发中心，分别以资金入股和技术入股等方式共享海洋科技专利成果。在政策制定方面，各地政府应出台相应的政策，激发科技从业人员的积极性，完善知识产权保护体系，加快成果转化平台建设，实现海洋科技资源投入、成果转化以及市场化过程的无缝对接，促进海洋科技投入和产出间的良性循环，提高海洋科技投入产出转化率和成果市场化率，充分发挥海洋科技资源的社会效益和经济效益。

三、结语

海洋科研实力是发展海洋经济的重要支撑力量，海洋科技投入产出效率对实现海洋经济社会发展目标起着决定性作用。本研究基于DEA模型，对2001—2015年全国和各涉海城市海洋科技投入产出效率进行测算分析，同时以此为基础开展“十五”至“十二五”时期的回顾分析，并对“十三五”进行趋势预测。需要说明的是，分析海洋科技投入产出效率的特点及趋势是一个长期过程，需要多个连续时间断面的面板数据支撑才能更准确地反映出资源利用效率的规律。对于全国涉海城市海洋科技投入产出效率的长期监测并提出优化路径，将是今后进一步关注和研究的方向。

第八章　国际海洋科技研究态势专题分析

据保守估计，全球主要的海洋资源价值至少达24万亿美元[①]，相当于全球“第七大经济体”。海洋对于全球经济社会发展的作用将愈加不可替代。

本章主要从最新国际海洋研究计划规划以及研究热点方向两个方面对2016年国际海洋科技研究态势进行总结和分析。

整体来看，2016年国际海洋科技领域延续了过去几年来的稳定发展态势。重要国际组织和海洋国家对海洋领域的热点方向保持了持续的关注。海洋研究依然呈现出以中长期研究战略和计划作为引领、以重要海洋研究问题作为导向、以海洋可持续发展为目标的发展态势。

在研究计划和规划方面，选取2016年具有代表性的若干个国际组织和国家发布的海洋领域研究计划，并对其内容进行了梳理归纳。对2016年发布的海洋研究规划和计划，按照区域进行分别介绍，主要涉及国际性组织、美国、欧盟、英国和加拿大。总的来看，2016年国际海洋研究战略规划主要围绕三个方向：区域性海洋可持续发展问题，北极等热点战略研究区域，重要战略性科技问题方向。

在热点研究方向方面，海洋环境污染问题、全球变暖对海洋的影响问题、北极研究、海洋灾害研究等成为较为突出的研究主题，这些海洋研究方向对进一步实现海洋价值、促进海洋可持续发展具有长远战略意义。

① Nature. Oceans are‘worth US$24 trillion’.http://www.nature.com/news/oceans-are-worth-us-24-trillion-1.17394

一、海洋规划和计划

海洋规划和计划可以为未来全球海洋科技的发展提供方向指引，对于了解全球海洋发展态势具有重要意义。2016年，国际组织和各主要海洋国家新推出了若干研究规划和计划，布局相关研究活动。

（一）国际组织

国际组织发布了3个比较有显示度的规划报告，包括：经济合作与发展组织（OECD）推出的《面向2030年的海洋经济》、国际北极科学委员会（IASC）发布的《北极综合研究——未来路线图》以及“热带太平洋观测系统（TPOS）2020”项目的《TPOS2020初次报告》。

（1）OECD：未来海洋经济价值巨大。2016年4月，经济合作与发展组织（OECD）发表了题为《面向2030年的海洋经济》的报告[①]。指出，2030年海洋产生的经济价值将增加1倍以上，达到3万亿美元，尤其在海洋水产养殖、海上风力、鱼类加工、造船与修理等领域增值最大，届时，完全从事海洋经济的人口将达到4000万人。

（2）IASC确定未来北极优先事项及行动重点。2016年2月18日，国际北极科学委员会（International Arctic Science Committee，IASC）发布《北极综合研究——未来路线图》报告确定了未来北极研究3大优先事项：①北极在全球系统中的作用；②观测和预测未来气候动力学和生态系统的响应；③了解北极环境和社会的脆弱性与恢复力以支持可持续发展。此外，IASC列出未来行动重点包括：①建立利益相关者对话的新方法；②以解决科学问题为导向，协同解决北极和全球可持续发展挑战的政策、规划和计划的问题；③实现北极快速变化的全面、高质量观测[②]。

（3）新报告指导热带太平洋观测系统设计。“热带太平洋观测系统（TPOS）2020”项目2016年8月发布《TPOS 2020初次报告》，旨在加强和重新设计热带太平

① The Ocean Economy in 2030.http://www.oecd.org/greengrowth/the-ocean-economy-in-2030-9789264251724-en.htm

② Research priorities for the Arctic have been defined.http://www.awi.de/fileadmin/user_upload/AWI/Ueber_uns/Service/Presse/2016/1_Quartal/PM_ICARP_III/ICARPIII_Final_Report.pdf

洋的观测系统①。报告阐述了TPOS的5个关键功能：①为评估、验证和初始化ENSO预报系统提供数据支持，推动预报模式发展；②为量化周、年际和年代际海洋表面和次表面的状态演变提供观测；③支持集成卫星和原位观测方法的校准和确认；④通过提供过程研究的观测基础设施，推动对热带太平洋气候系统的理解和模拟；⑤维持和扩展热带太平洋气候观测记录。此外，该报告针对TPOS的主干设计，概括了热带太平洋观测系统的具体需求，并针对性地提出了相关建议。

（二）美国

美国持续加强在海洋相关领域的规划布局，发布了《中大西洋区域海洋行动计划》、《东北区域海洋计划》、《北极研究计划（2017—2021年）》和《国家海上风电战略》4个重要计划文件，加强海洋空间规划、北极研究和海洋能源开发。

（1）海洋空间规划。2016年10月28日，中大西洋区域计划团体（RPB）向国家海洋委员会提交了《中大西洋区域海洋行动计划》②。计划设置两个总体目标。总体目标一：健康的海洋生态系统。具体目标：①发现、理解、保护和修复海洋生态系统；②评估海洋生态系统的变化及其正在增加的风险；③评估传统知识。总体目标二：海洋利用的可持续性。具体目标：①国家安全；②海洋能量；③商业及休闲性渔业；④海洋水产养殖；⑤沿海贸易及航行；⑥沙滩管理；⑦非消耗性娱乐；⑧部落利益及使用；⑨水下基础设施。2016年10月14日，美国东北地区海洋团体向国家海洋委员会提交《东北海洋计划》（Northeast Ocean Plan）③，提出了6个科学研究重点：①提高对海洋生物及其栖息地的理解；②提高对部落文化资源的理解；③改善对人类活动、沿岸群体、社会经济和资源利用之间相互作用的理解；④特定压力下海洋资源的脆弱性特征；⑤表征变化的环境对当前海洋资源及海洋利用产生的影响；⑥基于前5项研究更好地了解人类活动与海洋生态环境之间的关系。

（2）推出北极研究新计划。2016年12月，美国政府发布新一轮5年北极研究计

① First Report of TPOS 2020.http://tpos2020.org/wp-content/uploads/First-Report-TPOS2020-2nd-Draft-2016-Aug-18_1.pdf

② Mid-Atlantic Regional Ocean Action Plan.boem.gov/Ocean-Action-Plan/

③ Northeast Ocean Plan.http://neoceanplanning.org/plan/

划《北极研究计划（2017—2021年）》①，旨在持续响应北极地区所面临的经济、环境和文化挑战，确保美国在北极研究方面的引领地位。美国制订本轮北极研究计划的政策驱动因素主要包括以下4个方面：①扩大北极居民的福祉；②推进北极环境管理；③加强国家和区域安全；④强化关于“北极为地球组成部分”认识。计划提出了未来5年北极研究的9个研究目标：①加强对健康决定因素的了解，改善北极居民福祉；②提高对北极大气成分和动力学变化以及由此产生的地表能量收支变化过程和系统的理解；③改进对北极海冰覆盖变化的理解和预测；④加深对北极海洋生态系统的结构和功能及其在气候系统中的作用的理解并提高预测能力；⑤了解和预测冰川、冰帽和格陵兰冰盖的物质平衡及其对海平面上升的影响；⑥推进对控制永久冻土动力学的过程以及对生态系统、基础设施和气候反馈影响的认识和理解；⑦推动对北极陆地与淡水生态系统及其未来潜在变化的综合性和景观尺度的认识与理解；⑧通过开展人、自然和建筑环境之间的关系研究，提升沿海社区的适应力，改进海岸带自然和文化资源管理；⑨加强环境情报收集、解释以及应用于决策支持的框架构建。

（3）美国能源部《国家海上风电战略》。2016年9月9日，美国能源部（Department of Energy，DOE）和内政部（Department of the Interior，DOI）共同发布《国家海上风电战略》②，指出美国海上风电发展需要克服3个战略主题方面的挑战：一是降低海上风电成本和技术风险，以提高电力市场的竞争力。行动领域：①海上风电资源和场地特征；②海上风电场的技术进步；③安装、运营和维护，以及供应链的解决方案。二是解决环境与监管的不确定性，以支持有效的管理工作。①确保监管过程中的效率、一致性和清晰度；②管理关键的环境和人类使用问题。三是提高对海上风电的效益和成本的认识，以支持电力系统的短期部署。①海上风电的输送和并网；②量化和传播海上风电的效益和成本。

① ARCTIC RESEARCH PLAN FY2017-2021.https://www.whitehouse.gov/sites/default/files/microsites/ostp/NSTC/iarpc_arctic_research_plan.pdf

② National Offshore Wind Strategy: Facilitating the Development of the Offshore Wind Industry in the United States.http://www.energy.gov/articles/energy-secretary-moniz-and-interior-secretary-jewell-announce-new-national-offshore-wind

（三）欧　盟

欧盟作为一个整体，在2016年推出了3个重要的海洋研究规划性文件：《欧盟北极政策建议》、“地平线2020”项目的“蓝色行动”计划和《欧洲海洋能源战略路线图》。

（1）欧盟制定新的北极政策。2016年4月27日，欧盟发布题为《欧盟北极政策建议》的报告①，用于指导欧盟在北极地区的行动，提出了欧盟在北极的三大优先领域。领域一：应对气候变化和保护北极环境。①制定和完善相关研究计划；②减缓和适应气候变化的策略；③保护北极环境。领域二：促进北极地区的可持续发展。①支持开展北极可持续创新技术的研发；②举办欧洲北极利益相关者论坛，确定重要投资方向和优先研究领域；③多种形式的融资和投资，支持北极地区基础设施及交通枢纽建设；④发展空间技术，部署极地轨道卫星监测和定位系统，提供安全可靠的定位导航和数据观测；⑤加强北极地区航行监管，建立安全可靠的海上活动与救援机制。领域三：开展北极事务国际合作。①参与国际组织与论坛，采取积极立场在国家和地区承担相应责任；②加强与北极伙伴国家的科学研究和投资等领域的双边合作；③加强与北极原著居民之间的对话；④加强渔业管理，确保北极公海的可持续开发利用；⑤促进高效的国际科技合作，共享先进的研究设施和数据。

（2）欧盟启动“蓝色行动”项目聚焦北极对天气和气候的影响。2016年12月1日，欧盟启动新的“地平线2020”计划（Horizon 2020）项目“蓝色行动”②，包括以下8个主要目标：①提升灾害性天气和气候事件的长期预报水平；②增强北极地区和北半球的季节性或更长期的预报能力；③定量分析近期北极的快速变化对北半球气候和天气极端事件的影响；④提升气候预测系统中对全球变暖引起的极地放大作用关键过程的描述；⑤优化观测系统，提升预测水平；⑥评估并减少预测系统的不确定性；⑦培养关键利益相关者对气候变化的适应和应对能力，促进经济增长；⑧向广泛的关键利益相关者进行知识转移。

① An integrated European Union policy for the Arctic.http://www.eeas.europa.eu/arctic_region/docs/ 160427_joint-communication-an-integrated-european-union-policy-for-the-arctic_en.pdf

② Blue-Action: Arctic Impact on Weather and Climate.http://www.blue-action.eu/index.php?id=3904

（3）欧盟委员会《欧洲海洋能源战略路线图》。2016年11月8日，欧盟委员会发布《欧洲海洋能源战略路线图》①，报告确定了4个行动，以解决欧洲海洋能源发展面临的挑战，实现欧洲海洋能源发展目标：①研发和原型机：通过一个阶段性技术发展过程，研发子系统和设备；②示范和试商用：建立一个投资支持基金，支持海洋能源发电厂；③示范和试商用：建立欧洲保险和担保基金，以降低项目风险；④通过综合性计划措施，降低环境风险，降低环境许可审批难度。

（四）英国

（1）NERC公布南大洋战略研究项目资助计划。2016年8月1日，英国自然环境研究理事会（NERC）宣布一项新的战略研究项目“南大洋在地球系统中的作用”（RoSES）②。2016年10月7日， NERC正式公布该项目的资助计划，资助总额约为700万英镑③④，确定了相应的3个研究资助方向：①设计和实施最优方法，评估南大洋碳汇的状态、变化和气候驱动因素；②确定控制南大洋碳吸收速率的关键过程机制；③开发关键的政策决策指标，揭示南大洋碳汇整体效率及其对21世纪全球气候变化中的作用。

（2）NERC战略性研究项目聚焦新的地学关键领域。2016年2月11日，英国自然环境研究理事会（NERC）宣布自2016年起，新增3个地学关键领域并确定了资助的重点主题方向，同时启动新增领域的资助选题征集工作⑤⑥。新增关键领域包括：

---

① Ocean energy strategic roadmap. https://webgate.ec.europa.eu/maritimeforum/sites/maritimeforum/files/OceanEnergyForum_Roadmap_Online_Version_08Nov2016.pdf

② NERC invests £7m in new strategic research programme.http://www.nerc.ac.uk/press/releases/2016/36-rosesprog/

③ NERC.The Role of the Southern Ocean in the Earth System (RoSES): Announcement of Opportunity. http://www.nerc.ac.uk/research/funded/programmes/roses/news/ao-roses/roses-ao/

④ NERC. NERC invests £7m in new strategic research programme. http://www.nerc.ac.uk/press/releases/2016/36-rosesprog/

⑤ NERC. Announcement of opportunity: Southern Ocean's role in the Earth system scoping group. http://www.nerc.ac.uk/funding/application/currentopportunities/ao-southernocean/

⑥ NERC. Announcement of Opportunity: Subsurface-Surface Coupled Processes Associated with UK Unconventional Hydrocarbon Extraction scoping group. http://www.nerc.ac.uk/funding/application/currentopportunities/ao-hydrocarbon/

①有关深海可持续资源开发的基础生态学研究；②南大洋在地球系统中的作用研究；③地下–地表耦合过程与非常规油气开采之间的联系。

（五）加拿大

（1）加拿大宣布实施《国家海洋保护计划》。2016年11月7日，加拿大渔业与海洋局（MFO）等部门宣布了一个预计未来5年投资15亿美元的《国家海洋保护计划》[①]。该计划将提升海上航运的安全和可靠性，保护加拿大海洋环境，创造稳固的原住民社区和沿海社区。该计划将致力于实现以下目标：世界领先的海洋航运安全系统；改善海上航运信息与沿海社区的共享；通过更好地信息保障，确保加拿大水域航行安全；更加安全地为北极地区社区提供再补给；对工业企业建立更加严格的事故责任机制；提升对加拿大水域进行前瞻性的监测和响应的能力；开发加拿大水域溢油事件的综合性响应系统；提升海洋生态系统的保护和恢复能力；开发一个海岸带环境基线和累加效应计划；建立加拿大沿海栖息地恢复基金；新的鲸类保护行动；收集和升级不列颠哥伦比亚北部沿岸的基准数据；降低船舶的废弃，清理废弃船舶，降低环境影响；沟通建立有价值的原著居民合作关系；在设计和实施海洋安全系统时，重视原著居民和组织的能力建设；建立原著社区环境、事故和搜救响应小组；研究建立新技术和多种合作关系，对溢油事件及时响应；提升局部海洋环流知识，追踪溢油轨迹；提升对海上油气产业的预测能力，提升决策支持能力。

（2）加拿大渔业与海洋局发布新的科学投资计划。2016年5月，加拿大渔业与海洋局发布新的科学研究投资计划，在未来5年中将投资1.971亿美元，以提高海洋科学和水科学研究，提高加拿大渔业与海洋局的监测水平[②]。投资方向主要包括5个方面：①研究和监测以支持健康的渔业资源；②加强污染物和污染状况等环境压力要素的监测；③加强对可持续水产业的研究支持；④加强淡水区域研究；⑤支持更多科学家、更多技术领域的更多合作。

① CANADA’S OCEANS PROTECTION PLAN.http://www.tc.gc.ca/media/documents/communications-eng/oceans-protection-plan.pdf

② New Science Investments at Fisheries and Oceans Canada.http://news.gc.ca/web/article-en.do?mthd=tp&crtr.page=1&nid=1063549

（六）其他国家

（1）澳大利亚发布《海洋研究合作计划2016—2020年》。2016年8月，澳大利亚海洋科学研究所（AIMS）发布了《澳大利亚海洋研究合作计划2016—2020年》的报告[①]。计划指出澳大利亚海洋研究所在2020年之前有针对性地完成9个研究目标：①开发和测试预测澳大利亚西北部和大堡礁的珊瑚礁恢复力的模型，这些恢复力与全球及局地因素对珊瑚礁系统的压力有关；②在大堡礁世界遗产区（GBRWHA）为开发和实现一个完全集成的监控程序和适应性管理框架提供有力支持；③为大堡礁世界遗产区域建立风险评估和决策支持系统，以寻求最有效的管理措施；④开发基于生态系统功能的方法，以识别和记录人类活动对沿海系统的健康和恢复力的影响；⑤开发基于经验数据的沿海与港口开发相关的风险评估模型；⑥在澳大利亚西北部的珊瑚礁和浅滩建立并实施一个区域协调评估框架；⑦确定关键的濒危物种的位置并确定其重要意义；⑧扩大在澳大利亚的热带海洋资源的自主、自动化观察和评估方法的适用范围；⑨为澳大利亚热带海洋产业、政府与公众建立一个跨平台的电子知识传播系统。

（2）爱尔兰发布《海洋研究创新战略2021》。2016年12月，爱尔兰海洋研究所制定《海洋研究创新战略2021》[②]。该战略旨在巩固爱尔兰在“2007—2013年海洋变化”项目执行过程中于海洋研究、相关知识和创新战略方面取得的重大进展，同时指出未来研究主题包括三类：①利用海洋财富推进海洋经济繁荣；②建立健康的海洋生态系统；③增加海洋参与性。

二、热点研究方向

（一）海洋环境污染研究

全球海洋环境问题继续受到广泛关注。全球海洋观测联盟（POGO）发布《为

① AIMS Corporate Plan 2016-2020.http://www.aims.gov.au/documents/30301/22713/Corporate+Plan+16-20_Aug29-sm.pdf/415b878b-9d51-4bf1-8e08-80c0b5ccc9b6

② Marine Research & Innovation Strategy–Deadline for submissions extended.http://www.marine.ie/Home/sites/default/files/MIFiles/Docs_Comms/Consultation%20Document%20Draft%20National%20Marine%20Research%20and%20Innovation%20Strategy%202021_0.pdf

全球海洋把脉》的战略报告，并呼吁更多的科学组织能够向公众传播海洋及其对人类健康生活的重要性[1]。2016年最受关注的海洋环境问题是海洋塑料垃圾污染，其次是海洋生态问题。

（1）海洋塑料垃圾

海洋垃圾是人类产生的废物排放到沿海或海洋环境中，包括纸张、纺织品、玻璃、橡胶、木材、金属、陶瓷和塑料等。其中，60%～90%的海洋垃圾由不同的塑料聚合物组成，最常见的塑料聚合物有烟头、塑料袋、渔具、食品和饮料容器等。美国研究人员通过对比模型结果及实际观察，加入了湍流模型和混合过程，对目前的测量方法进行了矫正，计算出的结果显示海洋中的塑料数量远高于先前的测量数量[2]。

联合国环境规划署连续发布报告，对全球海洋垃圾问题表现出高度重视。2016年7月6日，联合国环境规划署（UNEP）和全球资源信息数据库——阿伦达尔中心（Grid Arendal）发布的报告详细阐明了海洋垃圾的相关问题，如海洋垃圾的定义及种类、海洋垃圾的影响、塑料的发展、废塑料的分布、处理海洋垃圾的成本以及减少海洋垃圾的措施等[3]。报告呼吁，需要加强“上层”管理，减少塑料的生产，加大塑料的回收力度，加强相关立法和公众宣传。2016年10月，联合国环境规划署（UNEP）发布报告指出[4]，当前海洋垃圾造成的污染已经严重危害到海洋的生态系统健康与海洋经济的可持续发展，并且对沿海生态系统造成了极大威胁。据2010年的相关数据显示，平均每年大约有800万吨的塑料垃圾排入海洋，而且这一数据还在持续上升。报告建议各个洲与各区域根据自身情况，采取全面、系统的方法来管理海洋垃圾，各个国家应采取更为严厉的措施来减少海洋垃圾。

① Taking the pulse of the global ocean.http://ocean-partners.org/sites/ocean-partners.org/files/public/attachments / article/Products/POGO_strategy_document_Final.pdf

② Evidence for the Influence of Surface Heat Fluxes on Turbulent Mixing of Microplastic Marine Debris.http:// journals.ametsoc.org/doi/full/10.1175/JPO-D-15-0242.1

③ Marine Litter Vital Graphics.http://www.grida.no/publications/vg/marine-litter/

④ Marine Litter Legislation:A Toolkit for Policymakers.http://apps.unep.org/publications/index.php?option=com_pub&task=download&file=012253_en

在墨西哥坎昆市召开的联合国第13次生物多样性会议，指出目前海洋中存在的垃圾有3/4的垃圾属于塑料垃圾。据统计，自2012年以来，全球受到海洋垃圾影响的海洋生物种群数量已从663种增加到817种；约40%的鲸目动物和44%的海鸟物种的体内发现了微塑料的存在[①]。报告结果还显示，海洋垃圾还对商业捕捞活动、航运业和沿海旅游业的发展产生了负面影响，每年全球仅此造成的经济损失高达130亿美元。同时，海洋垃圾污染还威胁着人类身体健康，影响着沿海地区居民生活质量。最后，报告对各国政府治理海洋垃圾污染提出了以下建议：①提高塑料用品的价格，减少塑料包装的使用量；②研发可完全降解的新材料；③加大宣传力度，加深民众对海洋垃圾的理解和认识；④制定塑料垃圾回收与重复利用的相关政策。

欧洲环境政策研究所（IEEP）为解决海洋塑料垃圾提供了10大政策建议。2016年10月24日，欧洲环境政策研究所（IEEP）发布题为《塑料，海洋垃圾和循环经济》的报告[②]，以促进欧盟制定强有力的政策，并将海洋垃圾纳入循环经济议程中。该报告为解决海洋塑料垃圾提供了10项建议：①扩大生产者责任；②研究产品设计；③禁止不必要或有害的产品或活动；④完善立法；⑤经济激励目标消费；⑥提高塑料制品的标示；⑦加强废弃物管理措施；⑧提高意识；⑨捕捞垃圾；⑩提高执行力。

（2）海洋生态问题

持久性有机污染物。研究发现持久性有机污染物（POPs）仍威胁食物链顶端的海洋动物。2016年6月17日，《科学》期刊发文指出[③]，尽管国际法规已禁止使用POPs，但食物链顶端的海洋动物仍受到POPs的威胁。POPs是长期存在于环境中，并通过食物网累积的化学物质，对人类和野生动物造成有害影响。海洋鱼类中POPs浓度呈下降趋势。2016年1月28日，由美国一项研究表明，POPs广泛存在于全球海

① Marine Debris: Understanding, Preventing and Mitigating the Significant Adverse Impacts on Marine and Coastal Biodiversity.https://www.cbd.int/doc/publications/cbd-ts-83-en.pdf

② Plastics, Marine Litter and the Circular Economy.http://ieep.eu/work-areas/natural-resources-and-waste/resource-use/2016/10/plastics-marine-litter-and-the-circular-economy

③ Persistent Pollutants, Persistent Threats.http://science.sciencemag.org/content/352/6292/1388

洋鱼类中。各类型POPs的平均浓度在20世纪80年代比目前的浓度高，平均每10年下降15%～30%[①]。

有害藻华与低氧灾害面临多重挑战。2016年2月11日，美国国家科学技术委员会（NSTC）发布报告指出，未来有害藻华与低氧灾害研究和控制面临的挑战[②]：①环境、经济和社会的挑战。有害藻华与低氧灾害对生态系统、沿岸环境以及人类健康与经济发展的影响存在诸多不确定性；②面对监测的挑战。需要持续的监测方案、一致的监测方法和严谨的标准监测数据；③研究和模型面临的挑战。研究人员利用跨学科的知识来建立模型预测和预防有害藻华与低氧灾害，但是鉴于藻华的复杂性、驱动原因的交叉演变，模型准确程度有待提高；④人类健康面临的挑战。为了减少人类接触赤潮造成的影响，科学家必须了解有害藻华对人类健康的风险，特别需要研究不同毒素以及不同浓度毒素与人类的接触、暴露、吸入等的影响。

（二）全球变暖对海洋的影响

（1）海洋变暖综合评估

研究发现，自1865年以来全球海洋的热量增加有一半是在近20年完成的。海洋吸收了全球超过90%的额外增加的热量[③]。2016年9月，世界自然保护联盟（IUCN）新报告《海洋变暖解析：原因、尺度、影响和后果》发布[④]。报告指出，相比20世纪70年代全球水系统吸收了因气候变暖而增加热量中的93%，承担陆地“空调”的重要作用，而与此同时，海洋生物的生活规律却发生大幅改变。由于海水变暖从极地到热带，从海滩到深海全方位的生态失衡，水母、海鸥以及浮游生物的栖息地

① Evaluation of the global impacts of mitigation on persistent, bioaccumulative and toxic pollutants in marine fish. https://peerj.com/articles/1573/

② Harmful Algal Blooms And Hypoxia ComprehensiveResearch Plan And Action Strategy: An Interagency Report.https://www.whitehouse.gov/sites/default/files/microsites/ostp/NSTC/habs_hypoxia_research_plan_and_action_-_final.pdf

③ Industrial-era global ocean heat uptake doubles in recent decades.http://www.nature.com/nclimate/journal/vaop/ncurrent/full/nclimate2915.html

④ Explaining Ocean Warming: Causes, scale, effects and consequences.https://portals.iucn.org/library/sites/library/files/documents/2016-046_0.pdf

向气候更寒冷的两极偏移了至多10个纬度。更高的气温也可能改变一些海洋生物的性别比例，比如海龟，因为温暖的环境更可能孕育出雌海龟。而且，海洋温度升高导致海洋动植物种群疾病增多，食品安全也因此受到影响。海洋变暖也使得珊瑚礁以前所未有的速度死亡，导致依赖珊瑚礁的鱼类减少。生物种群大迁徙也会给海洋生态系统带来压力和变数，进而影响整个地球的生态。与1970—2000年这段时期相比，由于鱼类种群分布变化，报告预计东南亚地区捕鱼业产量到2050年将下降10%～30%。

热带太平洋是控制全球变暖速率的关键因子。2016年7月18日，日本东京大学（University of Tokyo）和美国加利福尼亚大学等机构的研究人员分析了自1900年以来全球平均地表温度的实际变化情况，并且创建了测量和监测人为影响下变暖速率的新方法。结果表明，热带太平洋是影响全球变暖速率的关键因子，决定增温速率的加速与减缓，并影响增温停滞期的起始与终止。全球平均地表温度在过去120年来呈阶梯式上升，尤其在过去50年来增温迅速①。

（2）海洋酸化

美国发布联邦资助海洋酸化研究和监测活动的第四次报告。2016年12月，美国白宫科技政策办公室（OSTP）发布了《联邦资助海洋酸化研究和监测活动的第四次报告》，即第四次两年期海洋酸化研究和监测的概要和进展报告②。分析了全球和美国海洋酸化状况。在全球范围内，2014—2015年，美国的研究集中于了解海洋化学历史条件，使用卫星和自主观测来监测和表征海洋化学和生态系统，预测未来的海洋和海洋生态系统条件，以及开发和维护所需的数据系统来保存以海洋酸化为重点的项目数据。全球尺度研究强调开放海洋环境和珊瑚礁生态系统，包括开发监测这些地区所需的技术。这些项目揭示了海洋酸化如何影响大型海洋生态系统。在美国范围内，美国国家级联邦海洋酸化活动侧重于开发用于监测海水化学性质、教育

① The Tropical Pacific as a Key Pacemaker of the Variable Rates of Global Warming.http://www.nature.com/ ngeo/journal/vaop/ncurrent/full/ngeo2770.html

② Fourth Report On Federally Funded Ocean Acidification Research And Monitoring Activities.https://www.whitehouse.gov/sites/default/files/microsites/ostp/NSTC/fourth_report_on_oa_research_monitoring_11_16_final.pdf

和外延的技术，以及支持联邦研究和其他海洋酸化活动所需的计划性工作。此外，还对以下重点区域的海洋酸化研究进行了评估：美国东北地区、美国中大西洋地区、美国东南部和墨西哥湾沿岸、美国西海岸、阿拉斯加州、美国太平洋群岛、加勒比海、北极和南极。

海洋酸化的影响。海水酸化对底栖生物体造成不利影响。2016年9月12日，英国国家海洋学中心（NOC）从全球范围内选取海胆、海星、珊瑚藻等超过100组物种进行分析，研究发现近1/4的深海贝壳类物种已经适应并生活在海水化学分析不利于维护它们的钙质骨骼和贝壳形成的海水环境里①。海洋酸化造成珊瑚礁的白化现象。2016年5月4日，澳大利亚气候委员会（Climate Council）发布报告指出，气候变化导致海洋温度不断升高，造成大堡礁珊瑚礁严重白化，未来珊瑚礁白化事件会变得更加频繁和严重②。

海洋科学家建议积极应对海水酸化。2016年4月12日，来自斯克利普斯海洋研究所等机构的研究报告《主要发现、建议和行动》（Major Findings, Recommendations and Actions）指出，如果对海洋酸化缺乏有效的应对措施，其对美国西海岸所造成的生态后果将十分广泛和严重，特别是在未来的几十年中将更加严重③。

（3）海平面上升

海平面上升通常是全球变暖的后果之一，全球每变暖2摄氏度将导致海平面上升20厘米④。研究发现，2015年全球海平面的平均高度创下新纪录，比1993年高出大约70毫米。

全球海平面上升速度被低估，未来全球海平面上升速度将明显加快。2016年1

① Benthic marine calcifiers coexist with $CaCO_3$-undersaturated seawater worldwide.http://noc.ac.uk/news/new-insights-impacts-ocean-acidification

② Australia's Coral Reefs Under Threat From Climate Change.https://www.climatecouncil.org.au/uploads/e3449c5187-f7100528cc90c380993381.pdf

③ Ocean Scientists Recommend Plan to Combat Changes to Seawater Chemistry.http://www.newswise.com/articles/ocean-scientists-recommend-plan-to-combat-changes-to-seawater-chemistry

④ Coastal sea level rise with warming above 2 °C.http://www.pnas.org/content/113/47/13342.full.pdf

月25日，《美国国家科学院院刊》（PNAS）发文指出，过去12年来海洋增暖导致海表面积扩张被低估，这种影响是先前估计的近2倍[①]。2016年8月10日，《科学报告》（Scientific Reports）发文指出，长期以来，科学家对全球气候变暖导致海平面上升的速度的评估并不准确，皮纳图博火山（Pinatubo）喷发掩盖了气候变暖对海平面变化的影响。未来10年全球海平面上升速度将明显加快[②]。随着更多冰川和冰盖的融化，海平面上升的速度将在未来数十年间进一步加快。据预测，2500年南极冰川损失或致海平面上升超过15米[③]。

人为因素导致海平面上升。研究指出，20世纪的海平面上升快于历史时期，其中有一半以上的变化由人类活动引起[④]。2016年2月22日，德国和美国研究人员研究表明[⑤]，如果不减少温室气体排放，到21世纪末，人为因素将导致全球海平面高度平均上升50 ~ 130厘米。环境公益性组织“气候中心”（Climate Central）发布报告指出，过去10年，如果去除人为造成的海平面上升影响，可以避免90%以上的洪水发生[⑥]。

海平面上升将为沿海城市带来严重的经济损失。海平面上升造成的经济损失以超线性速率增长，经济损失的增长速度总是比海平面上升的速度更快。如果不采取洪水防御措施，到21世纪中叶，海平面平均上升11厘米，使沿海地区的经济损失加倍[⑦]。

---

① Revisiting the Contemporary Sea-level Budget on Global and Regional Scales.http://www.pnas.org/content/early/2016/01/20/1519132113

② Is the Detection of Accelerated Sea Level Rise Imminent?.http://www.nature.com/articles/srep31245

③ Contribution of Antarctica to Past and Future Sea-level Rise.http://www.nature.com/nature/journal/v531/ n7596/full/nature17145.html

④ Kopp, R.E., Kemp, A.C., Bittermann, K., Horton, B.P., Donnelly, J.P., Gehrels, W.R., Hay, C.C., Mitrovica, J.X., Morrow, E.D., Rahmstorf, S. (2016): Temperature-driven global sea-level variability in the Common Era. Proceedings of the National Academy of Sciences (PNAS)

⑤ Mengel, M., Levermann, A., Frieler, K., Robinson, A., Marzeion, B., Winkelmann, R. (2016): Future sea-level rise constrained by observations and long-term commitment. Proceedings of the National Academy of Sciences (PNAS)

⑥ Strauss, B. H., Kopp, R. E., Sweet, W. V. and Bittermann, K. Unnatural Coastal Floods: Sea Level Rise and the Human Fingerprint on U.S. Floods Since 1950. Climate Central Research Report, pp. 1-16

⑦ Boettle, M., Rybski, D., and Kropp, J. P.. Quantifying the effect of sea level rise and flood defence – a point process perspective on coastal flood damage, Nat. Hazards Earth Syst. Sci., 16, 559-576, doi:10.5194/nhess-16-559-2016, 2016.

在海平面上升的影响评估方面，加拿大自然资源部（Natural Resources Canada）发布报告指出[①]：①未来随着加拿大沿海地区的海平面上升，风暴潮洪水的发生频率和强度也将增加；②应加强相关基础设施建设来应对海平面上升、海岸侵蚀和洪水问题。美国佐治亚大学一项研究成果表明，超过1300万美国人的家园在21世纪末将受到海平面上升的威胁[②]。而另一项研究成果则表明，湿地受海平面升高的影响被高估。由于传统的评估方法没有充分考虑湿地随海平面上升而产生的垂直生长和向陆地的迁移，因此过高估计了湿地在海平面上升过程中的脆弱性。沿海湿地对于海平面上升的适应性有所"提高"[③]。

此外，2016年最新研究进一步发现和证实了：全球变暖还造成海洋溶解氧含量减少的范围扩大[④]；全球变暖带来的更频繁和更剧烈的飓风、洪水等海洋灾害对美国海军基地构成威胁[⑤]；温室气体排放是印太暖池变暖和扩张的主要因素[⑥]。

（三）海洋灾害研究

（1）飓风研究

海洋变暖会增强超级飓风的破坏力。美国一科研团队利用"统一物理天气预报"（NU-WRF）区域模型，研究海洋变暖对类似桑迪的超级飓风的影响。研究指出，大西洋变暖会使未来类似桑迪一样的超级飓风的破坏力提高50%～160%[⑦]。美国

① Canada's Marine Coasts in a Changing Climate.http://www.nrcan.gc.ca/sites/www.nrcan.gc.ca/files/earth-sciences/files/pdf/NRCAN_fullBook%20%20accessible.pdf

② Millions projected to be at risk from sea-level rise in the continental United States.http://www.nature.com / nclimate/journal/vaop/ncurrent/full/nclimate2961.html

③ Overestimation of marsh vulnerability to sea level rise.http://www.nature.com/nclimate/journal/v6/n3/full/nclimate2909.html#access

④ Finding Forced Trends in Oceanic Oxygen.http://onlinelibrary.wiley.com/doi/10.1002/2015GB005310/full

⑤ The US Military on the Front Lines of Rising Seas.http://www.ucsusa.org/sites/default/files/attach/2016/07/ us-military-on-front-lines-of-rising-seas_all-materials.pdf

⑥ Human-caused Indo-Pacific warm pool expansion.http://advances.sciencemag.org/content/advances/2/7/e1501719.full.pdf

⑦ What Would Happen to Superstorm Sandy under the Influence of a Substantially Warmer Atlantic Ocean?http://onlinelibrary.wiley.com/doi/10.1002/2015GL067050/full

国家海洋与大气管理局（NOAA）另一项研究指出，在大西洋飓风活跃时期，美国东海岸由垂直风切变和低海温形成了风暴缓冲区，使风暴在登陆过程中减弱[①]。关于风暴潮引发灾害的研究：英国南安普顿大学等机构对1915—2014年英国沿海地区极端海平面高度和风暴潮事件的空间足迹和时间聚类进行分析后发现，过去100年来，英国大部分沿海洪水是由中等风暴造成的，而不是极端风暴[②]。该研究将有助于更好地进行洪水管理、保险、国家应急和基础设施恢复力规划，从而将持续风暴过程的影响降到最低。在飓风预测方面：美国迈阿密大学的一项研究表明，高风速条件下海洋飞沫液滴的数量达先前预测的1000倍，该研究将可直接被应用于风暴模型，有助于提升飓风和热带气旋预报水平[③]。在降低飓风灾害方面：新研究运用一种叫做“任意森林（Random Forest）”的模型分析发现，超过5米的海堤减少了海啸的破坏率，更具体地说，高度为10米的海堤能够有效降低海啸5%～6%的破坏率[④]。

（2）海啸研究

2016年2月，麻省理工学院的研究人员首次发现了海洋表面重力波和声重力波之间的关系，提出了一套非线性理论方程，得出两个表面重力波相遇共振，会释放95%的初始能量，并形成声重力波，携带这些能量向更远、更深处传播，从而揭示了来自大气、太阳、风和海洋上方的能量可以驱动深海的波动的原因，该成果将被用于海啸的预警工作[⑤]。新研究首次发现慢滑事件或引发大规模海啸：2016年5月，《科学》发文称，研究人员通过调查新西兰东海岸俯冲带厘米级尺度的海底运动，

① Hurricane Intensification along United States Coast Suppressed during Active Hurricane Periods.http://www.nature.com/nature/journal/vaop/ncurrent/full/nature20783.html

② Spatial and Temporal Analysis of Extreme Sea Level and Storm Surge Events Around the Coastline of the UK.http://www.nature.com/articles/sdata2016107

③ Sea Spray Generation in Very High Winds.http://www.rsmas.miami.edu/news-events/press-releases/2016/researchers-study-sea-spray-to-improve-hurricane-intensity-forecasting/

④ Statistical Analysis of the Effectiveness of Seawalls and Coastal Forests in Mitigating Tsunami Impacts in Iwate and Miyagi Prefectures.http://journals.plos.org/plosone/article/asset?id=10.1371%2Fjournal.pone.0158375.PDF

⑤ On resonant triad interactions of acousticgravity waves.http://journals.cambridge.org/download.php?file=%2FFLM%2FFLM788%2FS0022112015007211a.pdf&code=[illegible]

首次发现地震的“慢滑事件”可以使浅部断层发生破裂，引发大规模海啸。这一发现将有助于评估海啸风险[①]。

此外，在灾害适应方面。2016年6月，美国国家科学院的海湾研究计划（GRP）与罗伯特·伍德·约翰逊基金会（RWJF）建立了1000万美元的资助项目，加强墨西哥湾地区沿海弹性社区的科学与实践基金项目建设。这些项目将探索与自然灾害和其他环境压力相关的健康、社会、环境和经济影响，并提出解决海湾社区所面临挑战的策略[②]。

（四）海洋资源研究

（1）海洋渔业

美国投资1100万美元开展渔业研究：2016年6月2日，美国国家海洋与大气管理局（NOAA）宣布将资助1100万美元，用于对50个研究项目的资助。此次资助的研究项目将促进对生态系统的理解，减少副渔获物，提升渔业养殖和提升渔业管理，从而帮助恢复渔业和支撑经济增长[③]。

气候变化预计将给全球渔业带来严重损失：2016年9月7日，《科学》子刊《科学导报》（Scientific Reports）发表《气候变化下的全球渔业收入变化预测》的文章指出，预计未来气候变化将导致全球渔业收入损失100亿美元[④]，在2050年高二氧化碳排放情景下，预计全球渔业收入可能会减少35%以上。从地区层面来看，预计高纬度地区渔获量的增加可能不会带来收入的增长，原因是低价值鱼类的增加占据着主导地位。另外，这些国家的作业船只捕获量的下降还将对深海带来严重影响。

① Tsunami risk: World's shallowest slow-motion earthquakes detected offshore of New Zealand.http://science.sciencemag.org/content/352/6286/701

② Academies Gulf Research Program and Robert Wood Johnson Foundation Create a $10 Million Grants Program to Build Healthy, Resilient Coastal Communities.http://www8.nationalacademies.org/onpinews/newsitem.aspx?RecordID=06162016

③ More than $11 million in grants will improve fishing opportunities, observations, resiliency and sustainability. http://www.noaa.gov/more-11-million-grants-will-improve-fishing-opportunities-observations-resiliency-and-sustainability

④ Projected change in global fisheries revenues under climate change.http://www.nature.com/articles/srep32607. pdf

（2）深海油气资源

深水和超深水石油产量不断上升：根据美国能源信息署（EIA）的最新统计，全球深水项目（水深超过125米）的石油产量在2015年达到了930万桶/日，相比于10年前的700万桶/日，增加了约25%。2015年，浅水油气产量占海洋石油产量的比重下降到64%，为历史最低水平[①]。在全球进行深水作业的地区，其油气产量出现了显著增长，而在大多数情况下，其产量也超过了浅水区。巴西、美国、安哥拉和挪威是目前全球深水和超深水油气开发的主要国家，而美国和巴西超深水油气产量占据了全球的90%以上。

（3）海底资源

美国西海岸新发现500个甲烷喷口。2016年10月，美国国家海洋开发论坛公布有关美国海域甲烷资源调查的最新结果显示，美国西海岸新发现500个甲烷喷口，该发现使得美国大陆沿岸的类似甲烷喷口数量达到约1000个[②]。尽管开发海底甲烷资源被认为存在巨大的环境风险，一旦这些甲烷发生泄漏进入大气将导致严重的后果，但是，科学家称，这些甲烷如果能够被安全地捕获，将成为应用前景极佳的绿色燃料。

新研究揭示海洋中甲烷的神秘来源。数十年以来，海洋化学家面临着一个难以理解的悖论：全球海洋表面的温室气体甲烷含量饱和，然而大多数能产生气体的微生物在富氧的海洋表面水域是不能生存的，那么海洋表面饱和的甲烷从哪儿来？该难题被称为“海洋甲烷悖论”，WHOI的一项新研究有望打破该悖论。2016年11月，伍兹霍尔海洋研究所（WHOI）公布的新研究发现海洋中的甲烷来源于海洋微生物对多糖的分解，该结论有望打破“海洋甲烷悖论”[③]。该研究指出海洋大部分的溶解有机质由上层海洋中的光合细菌产生的长链糖分子组成，研究人员发现了该多

---

① Offshore oil production in deepwater and ultra-deepwater is increasing.http://www.eia.gov/todayinenergy/detail.php?id=28552

② Exploring vast ‘submerged America,’ marine scientists discover 500 bubbling methane vents.https://www.sciencedaily.com/releases/2016/10/161020103858.htm

③ New Study Explains Mysterious Source of Greenhouse Gas Methane in the Ocean.http://www.whoi.edu/news-release/mysterious-methane-in-the-ocean

糖中隐藏有能够被细菌分解产生甲烷的碳原子和磷原子对（C−P键），从而海洋中的细菌能从这些多糖的分子结构中分解开C−P键，同时释放出副产物甲烷、乙烯和丙烯，其中大部分甲烷会流窜到大气中。

印度洋发现大规模可采天然气水合物矿藏。2016年7月，印度、美国和日本联合开展的印度国家天然气水合物项目二期取得进展，宣布首次在印度洋发现具有开采前景的天然气水合物矿藏①。该矿藏作为目前全球所发现的规模最大、储量最为丰富的天然气水合物矿藏之一，勘探过程中取得的数据将为认识天然气水合物成藏机理和安全开采技术发展提供重要基础和依据。

新模型预测海底游离氢气储量巨大。2016年7月20日，美英一项新的联合研究表明海底岩石板块快速扩张过程可能形成大量的游离氢气源②，并基于模型确定了游离氢气形成的区域及产生的总量，指出海底氢气储量巨大。

（4）海洋可再生能源开发

在海洋可再生能源开发方面，2016年2月3日，英国能源与气候变化部宣布，将在英格兰北部建造世界上最大的海上风电场③。这座风电场将覆盖160平方英里，拥有174座风力涡轮机，届时将能给英国100万户家庭提供容量为12亿瓦的电力。该工程建设时期将能创造约2000个工作岗位，建成后将创造300个新的工作岗位，该项目预计在2020年投产使用。英国能源部官员表示，该项目将意味着英国更深入地迈进安全、清洁能源利用的国家行列，造福更多的人民。

（五）北极研究

（1）北极状况综合评估

北极研究在2016年继续受到广泛关注。2016年12月，美国国家海洋与大气管理

---

① Large Deposits of Potentially Producible Gas Hydrate Found in Indian Ocean.https://www.usgs.gov/news/large-deposits-potentially-producible-gas-hydrate-found-indian-ocean

② Oceans may be large, overlooked source of hydrogen gas.http://phys.org/news/2016-07-oceans-large-over-looked-source-hydrogen.html

③ World's largest offshore wind farm to be built in the UK.https://www.gov.uk/government/news/worlds-largest-off-shore-wind-farm-to-be-built-in-the-uk

局（NOAA）发布《北极年度报告2016》指出[①]：北极地区气温继续以2倍于全球平均升温幅度的速度上升；与20世纪初相比，北极气温已经上升了3.5摄氏度；北极海冰覆盖面积、春季积雪面积持续减少，陆表冰融量创历史第二高值；北极苔原碳释放量呈净增长态势；北极苔原环境变化对促使动物种群及其栖息地发生变化；北极陆架特定区域（浅海海底）正经历着持续的海洋酸化事件，北极本身相对短的食物链使得北极海洋生态系统对于海洋酸化尤为敏感。

（2）《巴黎协定》难阻北极海冰缩减

《巴黎协定》碳排放目标不足以阻止北极海冰的减少趋势。2016年11月11日，《科学》发文首次揭示了人为温室气体排放对北极海冰的直接影响，文章指出：人类每排放1吨二氧化碳，北极海冰就会减少3米[②]；在过去40年中，北极夏季海冰面积缩减了一半；《巴黎协定》达成的2摄氏度温升目标（允许再排放10000亿吨二氧化碳）并不足以使北极海冰幸免于难，只有将温升目标控制在1.5摄氏度之内，北极夏季海冰才可能继续存在[②]。

（3）美国应对北极变化措施

2016年3月23日，美国国家科学基金会（NSF）宣布投资590万美元，创建一个新的北极数据中心[③]。北极地区快速的剧烈的变化，对当地居民赖以生存的环境和生态系统造成巨大影响，新的现代化地图可帮助他们了解和管理这些风险。2016年9月，美国国家自然科学基金会（NSF）与美国国家地理空间情报局（NGA）公开发布阿拉斯加新三维地形图，为北极气候变化影响等一系列研究提供更好的辅助决策支持[④]。2016年12月，美国北极研究委员会（USARC）发布《2017—2018年北极研究目标及规划报告》，阐述2017—2018年北极研究的主要目标：观测、理解及预

① Arctic Report Card 2016.ftp://ftp.oar.noaa.gov/arctic/documents/ArcticReportCard_full_report2016.pdf

② Observed Arctic Sea-ice Loss Directly Follows Anthropogenic CO_2 Emission.http://science.sciencemag.org/content/354/6313/747

③ NSF funds new $5.9 million Arctic data center at the University of California, Santa Barbara.http://nsf.gov/news/news_summ.jsp?cntn_id=138066&org=NSF&from=news

④ NSF, NGA release first unclassified digital elevation models of Alaska.http://www.nsf.gov/news/news_summ.jsp?cntn_id=189516&org=NSF&from=news

测北极环境变化；改善北极地区人类健康；北极能源变革；推进北极环境建设；探索北极文化及群落的恢复力；加强北极地区的国际合作①。

（六）海洋观测技术

国际海洋观测技术发展在2016年也不断取得新的进步，以美国和欧洲为代表的海洋强国不断在海洋新技术领域展开部署，并展示新的技术成果。以下列举8项具有代表性的事件和技术成果。

美国IOOS为海洋观测投资3100万美元。2016年6月23日，美国综合大洋观测系统（IOOS）宣布将为大洋、近海和大湖区观测工作提供超过3100万美元的资助，用于美国周边海域、加勒比海和太平洋的观测②。其他一些追加的资助将直接通过由IOOS主导的海洋技术转移（OTT）组织开展，该组织致力于将新兴技术向实用模型的转化。此次资助的资金主要通过5年期合作协议形式进行。此次新的投资范围较广泛，但主要集中在数据的可获取和可用性方面，集中在扩展美国海洋、近海和大湖区观测能力方面。

Jason-3卫星正式启用。2016年1月13日，欧洲与美国相关机构合作，成功发射了Jason-3卫星。该卫星通过监测全球海平面高度、热带气旋的变化，来预测飓风强度③。2016年6月3日，美国国家海洋与大气管理局（NOAA）正式接手Jason-3卫星的控制权。在海洋监测方面，Jason-3卫星从4个方面提升海洋监测水平：①增强海洋地形的测量；②改进月度预测；③加强海平面变化监测；④有效改进对高影响天气的短期预测④。

国际机构联合建立首个红海海洋监测站。2016年3月，沙特阿拉伯阿卜杜拉国王科技大学海洋环境研究中心（KAUST Marine Environmental Research Center）和沙特阿美石油公司（Saudi Aramco）建立了首个红海海洋监测站，将针对红海的物理

① New USARC Goals Report Available.http://www.uarctic.org/news/2016/12/new-usarc-goals-report-available/

② IOOS Awards $31m for ocean observing.https://ioos.noaa.gov/news/2016-grants/

③ Jason-3 satellite to monitor oceans. https://www.wmo.int/media/content/jason-3-satellite-monitor-oceans

④ Just in time for hurricane season, NOAA gets a new global ocean satellite.http://www.noaa.gov/just-time-hurricane-season-noaa-gets-new-global-ocean-satellite

和生物研究进行系统监测[1]。最重要的目标是创建红海海域的相关模型，从而更好地理解红海海洋过程及其对周边环境的影响。

最新海底监测网络有力推动火山作用机理认识的进步。2016年12月15日，美国地球物理联合会（AGU）秋季会议公布了有关火山作用机理的最新研究进展，研究首次展示了美国俄勒冈轴海山火山（Axial Seamount）在最近一次喷发前的行为过程，为研究火山形成机制提供了新线索[2]。研究人员利用美国海洋观测计划（OOI）所建设的海底观测网络所部署的精确压力传感器对轴海山火山喷发过程中海底所发生的垂直运动进行评估，并首次正式分析了喷发所产生的地震、海底运移以及岩体形成等过程。

普林斯顿大学成功开发新的海底地震监测设备。普林斯顿大学的研究团队在百慕大海海域对其最新研制的利用太阳能电池板供电的地震监测仪器完成了首次现场测试。该仪器名为Son-O-Mermaid，主要是监测和记录地震产生的声波，它是目前全球少数能在海洋中记录地震的仪器之一[3]。

英国NERC投资1500万英镑研发海洋观测设备。2016年4月27日，英国自然环境研究理事会（NERC）宣布未来5年将投资1500万英镑用以开发海洋自主观测系统（Marine Autonomous Systems，MAS）和传感器的发展计划[4]。其中1000万英镑用于开发一种新的1500米水深级别的长距离水下自动航行器（ALR1500）和一种6000米水深级别的水下自主潜航器（Autosub6000 Mk2），确保英国保持其在全球海洋科学和技术创新中的领先地位。

NOC推出新的微型水下机器人。2016年11月，英国国家海洋学中心（National Oceanography Centre，NOC）展出了一款历史上首个能够从水面自主航行器上施放的微型潜水器[5]。该款产品的体积是水下自主航行器（AUV）的1/3，长度大约

① An ocean observatory for the Red Sea.http://phys.org/news/2016-03-ocean-observatory-red-sea.html

② Underwater volcano's fiery eruption captured in detail by seafloor observatory.https://www.nsf.gov/news/news_summ.jsp?cntn_id=190561&org=NSF&from=news

③ Researcher measures earthquakes in the oceans.http://phys.org/news/2016-08-earthquakes-oceans.html

④ NERC puts £15m into creating new marine robots and sensors.http://www.nerc.ac.uk/press/releases/2016/14-mas-sensors/

⑤ New mini robot sub unveiled at the NOC.http://noc.ac.uk/news/new-mini-robot-sub-unveiled-at-noc

有50厘米。这样小的体积，可以带来一些新型的应用。它们可通过水面自主航行的舰艇进行部署，用于监控公共设施，例如管道的腐蚀状况或者有没有潜在的泄漏风险，能够极大地减少作业成本。

美国首次研发出用于海底生物采样的柔性机械手。2016年1月20日，美国哈佛大学等机构的研究人员设计出首个用于深海生物采样的“柔性机械手”（soft robotic gripper），在红海地区200米深度处的珊瑚礁区域进行了成功试验。该装置解决了目前所使用的机械臂容易破坏海洋生物样本的问题[①]。

三、小结

（一）国际科技规划揭示未来海洋研究方向

为了更好地对未来海洋研究创新活动提供指导，世界各国和国际组织每年都会有各类型的相关战略性文件推出，这些海洋领域的规划计划及相关文件，既体现了当下国际社会对未来海洋科技发展的战略关切，也在某种程度上反映了未来海洋科技发展的方向。

2016年期间，国际海洋研究战略规划主要围绕三个方向：区域性海洋可持续发展问题，北极等热点战略研究区域，重要战略性科技问题方向。

在区域性海洋发展问题方面，美国的《中大西洋区域海洋行动计划》、《东北区域海洋计划》，加拿大的《国家海洋保护计划》和澳大利亚的《海洋研究合作计划2016—2020》均聚焦重要海洋区域及区域性重要海洋问题开展布局。相对于综合性海洋计划，围绕特定区域的海洋规划更加能够体现海洋可持续发展的现实需求，也更加能够有针对性的和体系化地聚焦和解决相关发展问题。

北极继续成为国际关注重要方向，国际北极科学委员会的《北极综合研究—未来路线图》指出未来十年优先研究事项，认为北极研究的利益相关方的沟通合作及跨学科研究的十分重要。美国的《北极研究计划（2017—2021）》也进一步为美国

① Soft Robotic Grippers for Biological Sampling on Deep Reefs.http://online.liebertpub.com/doi/full/10.1089/soro.2015.0019

的北极研究确定方向，而欧盟《欧盟北极政策建议》和“蓝色行动”计划重点关注北极气候和环境问题。

在重要战略性研究问题方面，国际组织《TPOS 2020初次报告》，《欧洲海洋能源战略路线图》以及英国和加拿大等国相关计划在海洋可再生能源、深海大洋研究、渔业可持续发展等方向继续开展布局。

（二）海洋研究热点致力于促进海洋可持续发展

在2016年的主要研究热点方向方面，海洋环境污染问题、全球变暖对海洋的影响问题、北极研究、海洋灾害研究等成为较为突出的研究主题，这些海洋研究方向对进一步实现海洋价值、促进海洋可持续发展具有长远战略意义。

在海洋环境污染研究方面，联合国环境规划署发布两份报告对全球海洋垃圾状况开展评估，科学界和国际组织也纷纷对此问题开展研究，并积极提出相关解决方案和建议。海洋垃圾污染问题是一个全球性的海洋环境问题，从污染的全过程开展研究及从全球视角寻找解决方案十分必要。根据相关研究结论，在海洋垃圾污染输出方面，东南亚以及中国近海的问题尤其突出，这一研究结论应引起中国相关研究人员和管理者的足够重视。

全球气候变暖对海洋造成多方面的影响，综合来看，海洋温度升高的机理和速率及其影响研究、海洋CO_2增加导致的海洋酸化问题研究以及冰川融化导致的海平面上升问题研究是三个重要的研究方向。三个研究方向均反映了海洋对全球变暖现象的反馈。

北极问题近几年来一直受到全球重点关注。北极航道价值、资源潜力及科研价值在全球具有独特的地位，随着北冰洋海冰的逐渐融化，这一区域的重要性更加突出。2016年美国以及其他国际组织针对北极问题发布了若干研究报告，《2017—2018年北极研究目标报告》为美国设定了近期研究重要事项，NOAA的《北极年度报告2016》从各方面评估了北极的年度综合状况。瑞典《北极适应力报告2016》为提升北极地区适应力提出了思路。

随着全球气候变化不断加剧，海洋灾害的发生频率和破坏力均呈上升趋势，飓风和海啸问题受到更多的研究关注，各类型海洋灾害相互叠加影响，对沿海设施和人类福祉构成严重威胁。对海洋灾害的研究重点聚焦于灾害的破坏力评估、灾害预测技术改进、气候和海岸环境状况对海洋灾害的影响等方面。

海洋资源开发方面，传统海洋渔业产业更加强调保护与开发并重的可持续开发模式，深海油气资源探测开发、海底矿产资源勘探开发以及海洋可再生能源研究和评估持续受到关注。

各国在海洋研究领域的新技术开发和应用方面继续开展投资、研发和应用活动，包括卫星观测、海底观测和监测网络、水下机器人技术等在内的相关技术持续推进，为海洋研究提供强有力的技术保障。

第九章　海洋国家实验室专题分析

2016年是青岛海洋科学与技术国家实验室（简称“海洋国家实验室”）启动运行的第二年。在国家部委、山东省、青岛市和兄弟单位的大力支持下，海洋国家实验室认真落实党的十八届五中、六中全会精神，坚持体制机制创新、科技创新“双轮驱动”，继续探索创新体制机制，明确战略任务与突破方向，大力汇聚国内外高端人才，推进公共科研平台及大科学装置群建设，加强国际交流合作，扎实推进基础设施建设，拓展社会影响力，各项工作呈现出跨越式发展的良好态势，在中国特色国家实验室建设中进行了有益的探索，发挥了良好的示范引领作用。

本章主要从海洋国家实验室体制机制创新、科研进展、科研成果、公共科研平台建设、国际交流与合作、队伍建设与人才培养、科技成果转化七个方面进行介绍。

一、体制机制创新

理顺治理架构。经青岛市政府批准，成立了海洋国家实验室发展中心，列青岛市市直单位，由主任委员会主任吴立新担任法人代表；经中共青岛市委批准，设立了海洋国家实验室发展中心党委，列市直党委，加强了党的领导；构建了海洋国家实验室“大平台、小法人”治理架构，实现了法人事业单位的责权利统一，发挥了大平台在涉海资源方面的整合作用，突破了一家单位难以实施的大科学计划和科学工程的壁垒。

组织科技资源。本着“整合力量、促进协同、打破壁垒、形成合力”精神，优化了以功能实验室为主体，联合实验室为补充，开放工作室为特色的科技创新体系。2016年，强化了以基础研究和应用基础研究为重点的八个功能实验室建设，建成了以技术和装备研发为重点的四个联合实验室，筹建了一个以海内外领军人才及其团队为核心的科学家开放工作室，不仅发挥了理事单位的科研优势，还有效整合海内外海洋科技创新资源。

优化机构设置。为满足海洋科技协同创新对管理支撑的专业化和职业化要求，在设立综合办公室、人力资源部等部门的基础上，2016年增设或调整了财务部、资产管理部、规划建设部3个职能部门以及信息文献中心、科普展览中心和招投标管理中心3个业务部门，进一步完善了内部治理结构，提高管理服务效率。

完善制度体系。在加强海洋国家实验室创新制度与国家相关法规相衔接的基础上，充分参考相关单位经验，以激发科研活力、提高工作质效为目标，制定了包括《国有资产管理办法》《开放基金项目管理办法》等在内的20余项制度，修订了涉及科研、平台、成果、人才、财务等管理的60余项制度，基本构建起满足科技体制创新需求、实现依法依规管理的制度体系，为中国特色国家实验室的建设提供了参考。

二、科研进展

（一）重点领域研究进展

（1）海洋动力过程与气候变化

透明西太平洋认知体系取得重大突破

在中纬度西太平洋，海洋国家实验室科研人员首次指出海洋中尺度涡和大气相互作用对维持西边界流有重要作用，阐述了中尺度涡影响西边界流的动力机制，为西边界流的动力机制研究提供了新思路，并为气候模式里西边界流的准确模拟提供了理论依据。研究成果发表于*Nature*期刊，由海洋动力过程与气候功能实验室本年度引进的青年人才马晓慧博士（第一作者）、“千人计划”教授张平（通讯作者）、吴立新院士等组成的研究团队共同完成。*Nature News & Views* 专门撰写评论文章，认为上述成果为减小气候模式中西边界流的模拟误差提供了理论依据和新思路。美国国家海洋和大气管理局（NOAA）气候计划办公室（CPO）、Research In Germany 等对文章进行了报道和评论。

在低纬度西太平洋，海洋国家实验室科研人员围绕热带太平洋海洋环流与海气相互作用研究，在低纬度西边界流变异机理、混合与波动以及ENSO 起源等方面取得了系统性进展：揭示了棉兰老潜流多尺度变异及其水交换作用；发现了赤道流系变异与暖池分裂现象；阐明了热带不稳定波对ENSO的制影响；揭示了次表层上卷到混合层海水温度在El Niño事件起源中的重要作用，为ENSO 模拟和预报提供理论指导。以上系列研究成果发表于*Climate Dynamics, Journal of Physical Oceanography* 等国际知名物理海洋学期刊。

海洋数值模式大规模高效并行计算技术取得重大突破

随着我国“海洋强国”战略和国际合作的不断推进，海上活动对超高分辨率海洋数值模式的要求日益提高。海洋数值模式空间网格的分辨率越高，预报结果则越精细，对模式计算效率及其可扩展性的要求随之大幅提高，设计高效并行算法是解决高分辨率模式问题的关键。区域海洋动力学与数值模拟功能实验室与清华大学和国家超算无锡中心等合作，突破了负载动态均衡、主从核协同计算框架设计和循环折叠优化等若干关键技术，基于我国自主知识产权的MASNUM 海浪模式，在国际上首次开展了全球空间分辨率约为1 公里的海浪模式研究。在国家超算无锡中心进行的全机测试中，共使用了一千多万（10 493 680）个CPU核，计算效率高达36.22%，峰值速度达41.43 PFLOPS。该成果被国际计算机协会列入2016年计算机应用领域最高奖“戈登贝尔奖”的六个候选应用之一。研发出高可扩展的海洋环流模式正压求解器P-CSI，突破了长期困扰海洋环流模式POP 受限于全局通信的可扩展瓶颈，使POP在万核规模有了近6倍的性能加速，极大提高了海洋模式的计算模拟能力。该成果得到了美国国家大气研究中心（NCAR）的高度认可，并被著名地球系统模式CESM正式采用，将作为下一版本海洋分量模式POP的默认求解器，为更高分辨率和更长时间尺度的模拟提供基础支撑，使应用CESM的科研人员受益。

波-湍相互作用研究获得重要成果

湍流运动是典型的时空多尺度现象，无论理论实验和数值模拟都难以解决湍流问题。最新发展的全息谱分析方法（Holo-Hilbert Spectral Analysis，HHSA）不仅能够提取数据中的调频信息，还能检测其中的调频调幅信息、揭示隐藏在数据中的不同尺度相互作用关系。利用该方法分析了海洋上层精细化湍流观测数据，发现了海浪对湍流的精细调制过程以及锁相特征，揭示了海浪-湍流相互作用是非破碎波浪产生浪致混合的本质。这项工作首次实现了从现场观测数据中发现波-湍相互作用现象，为提高海洋模式对混合过程的模拟能力奠定了坚实的理论基础。

基于大数据的中尺度涡旋分布与结构特征研究获得系列成果

中尺度涡旋在海洋动力学、热盐、能量的输送以及生物、化学过程中都起着非常重要的作用。利用多线程技术，通过海洋大数据分析，建立全球中尺度涡旋识别与追踪方法，全球涡旋识别能力提高1倍，识别效率提高约100倍，构建了1993—2015年全球中尺度涡旋识别与追踪数据集，基于卫星遥感数据，结合Glider和Argo追踪观测，利用半年模态，揭示全球中尺度涡旋层析结构，发现全球六大涡旋沙漠，以及南海中尺度涡旋的结构特征。建立中尺度涡旋三维动态可视化技术，实现中尺度涡旋时空连续的可视化表达。上述研究成果为揭示全球中尺度涡旋全生命周期的时空精细变化规律奠定了重要的科学和技术基础。

（2）海洋生命过程与资源利用

海洋生物基因组学关键技术研发取得新进展

全基因组SNP分型技术是解析全基因组范围内遗传变异与性状关系的核心技术，已成为生命科学领域大规模应用基因组信息进行重要性状遗传解析的研发热点。海洋国家实验室在前期开发的2b-RAD简化基因组分型技术和MethylRAD全基因组DNA甲基化检测技术基础上，成功研发了串联标签测序技术，在一个测序片段（read）实现了对多达5个标签同时分析，解决了2b-RAD技术无法应用于双末端测序平台的局限，使得简并基因组分析成本大大降低（单标签测序成本仅为技术改进前的十分之一），首次实现了全基因组SN 分型和DNA甲基化的同步联合分析。

研究成果发表在国际权威杂志*Nature*子刊*Nature Protocols*上，凸显了我国在基因组分析技术领域的国际地位和影响力。

海洋微生物药物先导化合物取得新发现

海洋药用生物资源是开发防治重大疑难疾病新药的战略性资源。由于技术水平的限制，目前微生物资源的应用研究多局限于近浅海，巨大的资源尚缺乏足够的认知和开发。2016年海洋国家实验室注重深远海药用生物资源的开拓和药物先导化合物的发现研究。先后在马里亚纳海沟、中国南海及台湾海峡等海域采集获得50余份深远海样品，得到了200余株深远海来源活性真菌和放线菌资源，拓展了海洋微生物资源库。从深远海来源真菌中发现的新骨架聚酮1-tetralone二聚体clindanones A和B，被国际著名天然产物评述期刊评为热点化合物（Nat. Prod. Rep., 2016）。药物先导化合物研究也取得新发现，从海绵来源放线菌中发现的新型硫桥二聚吡喃萘醌结构，对耐药的人乳腺癌细胞具有较好的抑制作用（*Org. Lett.*, 2016）；从红树林来源真菌Neosartorya udagawae中发现新骨架生物碱neosartoryadins A和B，不但具有新颖的骨架结构，还表现出较强的抗甲型流感H1N1 病毒的活性（*Org. Lett.*, 2016），为新型海洋药物的发现提供了新颖的模板结构。通过对Macrolide先导化合物的生物合成研究，揭示了芽孢杆菌macrolide GT1-3催化的区域选择性及底物灵活性，获得了

10个新结构类似物，揭示了芽孢杆菌macrolide H存在的规律性及其对枯草芽孢杆菌菌群和蜡状芽孢杆菌菌群的生物学意义（*Environ Microbiol*，2016）。

鱼类先天和适应性免疫机制研究取得重要发现

揭示了Toll/IL-1R受体超家族信号通路的关键负调节因子SIGIRR通过竞争性结合TLR3/TLR22信号通路接头分子TRIF而发挥调节功能，发现SCARA5可通过受体介导的内毒素和HMGB1内吞以及竞争性抑制TNF-a信号通路等多重机制来实现对感染性炎症的抑制功能，揭示了Th2型免疫调节机制在鱼类中的诞生，并发现了IL-4通过上调CD154/CD40共刺激信号促进Th2型免疫应答的分子机制，从鱼类中分离鉴定出具有CD4 + CD25 + Foxp3 + 免疫表型的调节性Treg细胞，并揭示其在淋巴细胞增殖分化和炎症反应中的调节作用，发现了一对新的TIM-1/TIM-4共刺激信号分子，并阐明了其在适应性体液免疫中的功能。研究成果在国际免疫学著名期刊*Journal of Immunology*连续发表了3篇论文。

四膜虫核小体占位的决定性因素获得新认知

探索了稳定高效分离、提纯四膜虫中大、小核的条件，优化了微球藻核酸酶酶切及蔗糖密度梯度超速离心获取单核小体的实验因素，并结合高通量测序获取了单核小体在染色质上的分布情况。该工作将四膜虫的核小体占位分辨率提高至单核小体水平，为后续的全基因组研究提供了重要基础。与此同时，利用四膜虫大小核截然不同的特性，为顺式（序列特征）和反式（转录活性）作用元件共同决定核小体占位的理论提供了直接证据，推动了对真核生物染色体环境决定机制的认知。研究成果发表于*Nucleic Acids Research*等期刊。

海产动物种质资源发掘技术研发取得新进展

破译了褐牙鲆全基因组序列，初步揭示了比目鱼类变态发育的分子机制；突破海水养殖鱼类基因组编辑技术，获得基因突变的半滑舌鳎；全面评价了简化基因组测序技术在水产动物全基因组选择育种中的应用潜力，在扇贝基因组学关键技术研发领域取得重要进展；巨藻基因组组装注释成功；首次测得并解析了鼠尾藻的转录组，获得一批与生物功能相偶联的微卫星标记。相关成果发表在*Nature Genetics*、*Nature Protocols*和*Scientific Reports*等期刊。

建立了合成含氮杂环骨架结构化合物的新方法

含N杂环和内酰胺结构广泛存在于具有重要生理活性的海洋天然产物中。Rh催化的不对称合成方法学为合成此类天然产物的骨架结构提供了新颖简洁的思路。首次通过Rh催化的C-C键活化实现了苯并四元环酮的C1-C2位区域选择性活化，完成内酰胺的合成，以高ee值和较高的收率合成了一系列的含N杂环骨架，实现了复杂的多环并环结构的高效不对称合成。该方法为合成具有良好抗癌活性的海洋天然产物四氢异喹啉家族抗生素（quinocarcin）骨架奠定了基础。

海藻胶植物软胶囊研制及产业化

软胶囊是口服固体药品的重要剂型之一。传统使用的软胶囊是以动物（牛、猪）皮、骨中提取的明胶为原料制造的动物胶囊，存在诸多弊端。因此，急需研发更为安全可靠的植物软胶囊。以海藻为原料成功研制了海藻胶软胶囊囊材，优化了海藻胶软胶囊壳制备工艺技术，建立了中试生产线，开发并生产出新型海藻胶软胶囊壳新产品。经检验海藻植物软胶囊各项指标完全达到中国药典对软胶囊的各项检测要求。该成果不仅打破了国外对我国植物软胶囊生产技术的封锁和垄断，形成我国具有自主知识产权的海藻植物软胶囊产品，并实现产业化，替代目前市场上销售的动物明胶软胶囊，产品适宜所有人群、民族，成为销售无障碍产品，具市场前景广阔，经济效益和社会效益巨大。

（3）海底过程与油气资源

亚洲大陆边缘海洋地质调查研究取得新认知

亚洲大陆边缘是指环绕着亚洲大陆的西北太平洋和北印度洋的边缘海及其邻近大洋。亚洲大陆边缘是全球构造最为活跃，海陆相互作用最为强烈，物质和能量交换最强的区域，对东亚气候环境影响显著。2016年，海洋地质过程与环境功能实验室与俄罗斯、泰国、马来西亚进行了海洋地质联合调查研究，在以往合作研究基础上，开展了北起白令海、鄂霍次克海、日本海，南到安达曼海、苏门答腊外海和孟加拉湾等广阔海域的调查研究，首次全面获得了这些海域的沉积物样品、CTD和悬浮体资料，使我国成为目前国际上唯一系统拥有这一广阔海区样品和资料的国家。

2016年与俄罗斯合作实施了首次中俄北极联合科学考察，在楚科奇海和东西伯利亚海开展了以海洋地质调查为主的多学科综合科考，取得了大量珍贵的资料和样品，填补了我国在北极陆架资料的空白。

基于获得的数据资料，在大河与山地河流入海的“源-汇”过程、鄂霍次克海与日本海的古气候演化、孟加拉湾沉积物输运模式、安达曼海的古季风记录、南海北部陆缘的新生代岩浆作用、黄海基底成因等方面取得了系列创新性成果，在*Quaternary Science Reviews*、*Earth and Planetary Science Letters*、*Science of the Total Environment*、*Journal of Asian Earth Sciences*等国际知名地学期刊发表多篇论文，出版了北极海域海洋地质考察专著1部，其中部分成果获得海洋科学技术奖一等奖、海洋工程科学技术奖一等奖和青岛市自然科学一等奖。

海域天然气水合物研究开发取得重要进展

首次在高热流背景的泥火山构造实施4口浅钻取样获得水合物样品；在水深948～960米、海底以下22～54米发现两个浅层水合物矿体，水合物矿体具有厚度大、产状多、连续好、埋藏浅等特点。基于X-衍射谱仪、X-CT、固体核磁共振及成像系统、激光拉曼光谱、低温扫描电镜、高压差示扫描量热仪（DSC）、同位素质谱及气相色谱等现代分析测试仪器，系统集成建立了水合物分析测试技术，并应用于海域实际获得的水合物样品测试分析，发现水合物样品的甲烷含量为99.48%～99.83%，为典型I型结构纯甲烷水合物。针对我国发育的粉砂质黏土水合物储层，创新水合物试采完井防砂、测试和储层改造等技术。研究成果对建立我国海域天然气水合物成藏理论，推进海域天然气水合物勘查试采进程具有重要作用。

南黄海油气调查发现大面积分布的构造稳定区

通过地震资料解释和全区编图，发现南黄海发育巨厚中-古生代海相沉积，认为该区具备形成大-中型油气田的地质条件。崂山隆起南部的高石稳定带地震资料品质相对较好，标志层特征清晰，三叠系及以下地层基本保存完整，分布稳定，断裂不发育，构造变形弱，主要发育6个较完整的背斜构造，总面积达590平方千米。该构造稳定区是南黄海古生界取得突破、形成油气大场面的有利区带，也是下一步寻找大中型油气田的重点目标区。

（4）海洋生态环境演变与保护

近海生态安全保障技术取得新进展

深入研究我国近海连年暴发的大规模赤潮、绿潮和水母等生态灾害发生机理、形成机制，在近海生态安全保障技术方面取得新进展。

研究了南黄海绿潮的发生机理和成灾过程，提出了“提前打捞、靠前防控”的绿潮防控策略并对其可行性进行了初步验证，针对年度绿潮发展态势和防控对策，多次向青岛市政府提供报告和建议；初步查明了渤海秦皇岛邻近海域褐潮主要肇事种和起源地；研究了我国近海四种大型水母的生存策略，发现大型水母水螅体对网衣、聚乙烯板及木板等人工基质具有附着偏好性，其自然分布状况受到污损生物的控制；在防城港附近海域开展了棕囊藻赤潮应急处置工作，研发了高效改性黏土，建立了改性黏土工程化生产线，研制了船载式改性黏土喷洒专用设备，顺利完成防城港核电站赤潮防控保障任务，并将改性黏土防控技术推广到阳江、大亚湾等核电站；棕囊藻赤潮防治建议得到国家领导人的重要批示；改性黏土防治赤潮技术得到国际社会认可，与智利相关部门签署了技术合作备忘录。

我国近海生源硫的时空分布特征及影响因素取得新发现

二甲基硫（DMS）是海洋中最重要的生源硫化物，是全球硫循环的重要参与者，对气候（反温室效应）和环境（酸雨）变化产生重大影响。中国东部陆缘海DMS、二甲巯基丙酸内盐（DMSP）和二甲亚砜（DMSO）和含硫蛋氨酸存在明显的时空分布差异，总体上近岸高于远海，夏季高于春秋、冬季最低，其高值区一般与Chl-a高值区相对应。DMS、DMSPp与Chl-a有明显的相关性，浮游植物生物量是DMS和DMSP的主要控制因素。不同藻类对Chl-a和DMSPp的贡献也不尽相同，硅藻是研究海域中DMSP的主要生产者。初步估算了我国近海DMS的海-气通量并探讨了其对气溶胶SO_4^{2-}的贡献。该成果描述了我国近海生源硫化物的生产、分布与迁移转化过程，探讨了多种硫化物之间的内在联系及其与环境因子之间的关系，丰富了全球DMS分布和通量图等资料，为深入认识海洋生源硫循环及其对全球气候与环境影响提供了科学依据。

海洋牧场生态监测及海草床生态学研究取得新进展

海洋牧场作为一种海洋经济新业态，既能养护渔业资源，又能修复生态环境。完成了莱州湾、海州湾、祥云湾、荣成湾、崂山湾资源环境调查，获得了山东半岛主要海洋牧场一批资源环境数据。特别在5、6、7月份进行了浒苔过境期间的加密调查，为海州湾浒苔预警提供技术支撑。在海州湾、莱州湾、祥云湾海洋牧场建立了产学研合作的资源环境监测平台，通过加载气象、水文、视频数据采集设备，利用CDMA网络、无线网桥等手段，实现了数据的长效、远距、实时传输，提升了海洋牧场资源环境的监管水平。

开展了我国温带沿海海草床的分布调查，在辽宁沿海（长山群岛、葫芦岛）、河北唐山沿海和山东沿海（黄河河口、烟台沿海）发现了多处较大面积的海草床，其中海草床面积1 000公顷以上的有4处。分析了海草床退化乃至消失等现象与人类活动的关系，研究了盐度和温度对鳗草种子保存、萌发和建苗的影响。比较研究了分布在威海天鹅湖和青岛汇泉湾的鳗草和日本鳗草的种群补充机制（无性繁殖和有性繁殖特征）。针对不同的底质和水动力环境，完善了5种海草移植恢复方法。

（5）深远海和极地极端环境与战略资源

南极磷虾资源声学评估方法研究取得突破

为确保南极磷虾、尤其是依赖磷虾生存的陆基捕食者种群不受渔业的显著负面影响，政府间国际组织“南极海洋生物资源养护委员会（CCAMLR）”正针对南极磷虾渔业构建“反馈式管理”体系，其中来自渔船的声学探测数据是该体系的重要组成部分。可程序化运行的噪声去除通用方法成为CCAMLR渔船声学调查评估技术规范的重要组成部分，是近年CCAMLR科委会的重要议题。

海洋渔业科学与食物产出过程功能实验室的科研人员针对渔船声学数据中普遍存在的噪声问题，建立了一种强干扰噪声消除方法及其运行算法，并依托渔业声学数据后处理商用软件实现了标准化应用。该方法在消除干扰信号的同时，还有效还原了南极磷虾集群的回声强度和形态特征，为充分发挥渔业自身在资源科学管理中的作用增添了利器。该方法经CCAMLR科委会相关工作组专家的应用与认可，发表于*CCAMLR Science*上，彰显了我国科学家对CCAMLR相关研究的贡献。

南大西洋中脊热液活动研究取得新进展

我国已在南大西洋中脊13°—28°S之间发现十余处热液活动区，成为目前世界上在南大西洋发现热液硫化物区最多、调查研究最详尽的国家。2016年，海洋国家实验室基于前期样品和资料研究发现，南大西洋热液活动主要集中产出于脊轴新生火山脊（德音区、彤管区）、裂谷壁（清扬区）、非转换断（太极区）和内角高地（采蘩区）等四类构造环境。特别对南大西洋两类离轴环境（非转换断层、内角高地）下的热液硫化物成矿机理及控制因素开展了系统研究，取得了创新性认识：太极热液区（13.6°S）发育在非转换断层的边界火山建造上，表现出多金属硫化物与矿化岩石角砾、蚀变岩共生现象，其硫化物的形成除热液沉淀堆积机制外，还存在原岩交代堆积成矿作用；采蘩热液区（14°S）位于洋中脊与转换断层内角位置，其两处热液点硫化物成矿过程中存在显著差异，主要受控于不同的洋壳渗透性，以及由此引发的海水与热液流体的混合比例差异。研究成果对深入研究南大西洋中脊热液硫化物成矿机理，深化资源勘查评价具有重要意义。

相关的研究成果发表于*Resource Geology*、*Marine Geophysical Research*等杂志上，引起国际同行广泛重视。

南北极海洋地质考察取得新突破

与俄罗斯合作实施了首次中俄北极联合科学考察，在楚科奇海和东西伯利亚海开展了以海洋地质调查为主的多学科综合科考，取得了大量珍贵的资料和样品，填补了我国在北极陆架资料的空白；主持了第32次南极和第7次北极科考的海洋地质调查，在南大洋罗斯海、北冰洋太平洋扇区组织获得了海洋地质样品和资料；参加了第2次中智南极联合科考，填补了我国在南极半岛北部岛屿陆基地质综合考察的空白。累计完成沉积物取样作业125站，获得45站高质量的沉积物岩心样品，61件南极半岛北部岩石样品。出版了北极海域和南极周边海域海洋地质考察专著2部。

（6）海洋技术与装备

南海-西太平洋大规模定点观测网建成并稳定运行

完成对世界上最大规模的区域海洋潜标观测网——南海潜标观测网的维护及扩充，并在国际上首次实现了对蕴含丰富多尺度动力过程的南海深海盆的全面覆盖及完整监测。

截至目前，由海洋动力过程与气候功能实验室首席科学家田纪伟教授领衔的团队已在南海成功布放系列深海长期观测潜标259套次，成功率达到100%，对于潜标布放与回收这一高风险调查项目，该作业完成水平国际罕见。南海潜标网目前在位潜标34套，并通过2016年航次首次实现全面覆盖南海深海盆的深海多尺度动力过程长期连续观测，是目前国际上针对区域海洋组网规模最大的潜标观测网。该潜标观测网的建成与运行，标志着“透明南海”工程已迈出了坚实的一步，为我国构建“透明两洋一海”观测网起到了重要示范作用。

海洋国家实验室构建的西太-印尼深海潜标观测阵列，是该海域国际上规模最大的观测阵列，奠定了我国在该海域观测研究的国际核心地位。“万米深海行动计划”取得突破性进展，在马里亚纳海沟完成了万米深海科考任务，通过自主研发的海洋仪器装备，获得了诸多珍贵的海洋观测资料，填补了海洋科考领域的多项空白；马里亚纳海沟科考航次是海洋国家实验室启动的首个面向全国的深远海科考开放共享航次，标志着海洋国家实验室深远海科考平台运行进入了实质性阶段，对推进我国海洋领域协同创新机制建设具有重要意义。

深远海养殖平台构建技术获得重要进展

完成了10万吨级和3000吨级养殖平台改装设计与系统集成。建立了“船载舱养”模拟试验方法，设计出“消波减摇”实验鱼池；研制出智能型气力式投饵机、双联式真空吸鱼泵；研发了新型升降式网箱，完成了水动力特性研究；筛选了太西洋鲑、高体鰤、黄条鰤、军曹鱼、鞍带石斑鱼、小星斑等适养物种，为深蓝渔业的深远海养殖平台建设奠定了基础。

海底综合观测设备研发与激光拉曼光谱原位定量探测取得重要进展

自主研发出国内第一套自升式综合观测系统（FAT），并参加了“马里亚纳海沟综合观测研究”航次，将FAT综合观测系统布放于6 000米水深位置，实现了对马里亚纳海沟及毗邻太平洋海区开展长期连续观测，并顺利回收，获得了一批宝贵的实测数据和样品，实现了我国在深海沉积动力学方面的突破。海底探测技术团队携自主研发的基于深海ROV的激光拉曼光谱原位定量探测（RiP）系统赴我国南海冷泉、冲绳海槽热液区等目标区域进行海洋科学考察，获得了极端环境下的珍贵资料。

研制出海底水合物长期观测平台系统

研制出海底水合物长期观测平台系统，该系统最大工作深度达4 000米，可在海底连续工作6个月，采用模块化设计，具有较强的拓展性，配备多路接口，可同时搭载CH_4、CO_2、METS、ADCP、CTD等多种传感器，突破性加入声学通信功能，实现了在陆基对海底平台工作状态的有效监控，在南海顺利完成海试和回收，获得了一批宝贵的海洋大深度实测数据。

多参量和高信噪比远程海洋光纤传感技术获得重要突破

为突破海洋多参量光纤传感器技术瓶颈，开展了双参量海水盐度和温度、海洋环境磁场和温度同时传感技术研发。采用MEMS技术研发出满足深海应用的海洋压力传感器，实现了新型单光纤传感器同时传感海水温盐深参数；采用内嵌Sagnac环、内腔倏逝场吸收等光纤激光器内腔感知技术，实现了远程磁场、温度、压力以及环境湿度的光纤传感，该光纤传感器具有高信噪比、窄3-dB 带宽和远程传感能力，促进了新型高性能光纤传感器在海洋探测领域的应用。

水下软距离选通成像技术研发取得新进展

在国际上首次提出并实现了水下软距离选通成像技术，利用压缩感知成像原理将成像面一半的能量集合，通过采样矢量重构得到图像，形成高的采样光子利用率，增强微弱信号的接收能力，弥补了水体的吸收作用；采用脉冲激光照明和高频单点接收器件，实现时序接收激光脉冲回波能量，将后向散射杂光与信号光区分，有效地抑制了后向散射噪声对成像的影响。该项技术水下成像作用距离可达8倍衰减长度，克服了现有距离选通技术单次成像只能对固定距离目标成像的问题，单次成像可重构出作用范围内任意距离处的图像。

航天器海上着落场保障技术取得新突破

研究集成“电-液-气”一体化控制系统，突破主被动复合型高海况波浪补偿技术，创制新一代载人航天器海上回收重人装备，实现了系统装备的高度集成与精准化控制，达到了解放军战略支援部队载人航天海上回收新一代装备研发的任务要求，参与了飞船返回舱高海况打捞实战演练和“921-11”“神十一”发射海上应急保障任务，对高海况下飞船返回舱回收的平台载荷与运动参数进行了全程采集，优化了系统PID动态响应和高海况工况参数耦合的自动控制模型，圆满完成了“921-11”实战任务，为面向空间站飞船发射海上回收保障系统建设工程，积累了科学的实验数据和工程经验。

（二）自主研发项目

围绕透明海洋与国防安全，蓝色生命与生物资源安全，海底过程与能源、矿产安全，深海与极地极端环境，健康海洋与生态安全等战略任务，部署了“鳌山科技创新计划”“问海计划”等系列自主研发项目。

（1）“两洋一海”透明海洋科技工程

实施“两洋一海”透明海洋科技工程，旨在奠定一个基础：以海洋科学基础研究的创新性突破奠定为国家可持续发展、海洋防灾减灾、海洋安全与权益、海洋环境保护及资源开发等重大需求服务的科学和技术基础；提高两种能力：自主发展海洋观测和遥测技术，提高对海洋环境的认知能力，在地球系统思想指导下自主发展海洋与气候数值模式体系，提高对海洋环境和气候变化的数值模拟与预测能力；建立三个面向国家重大需求的集成化研究创新体系：以西太平洋、东印度洋环流系统及其洋际交换为重点的区域海洋动力学研究体系，以系统理论为基础的多运动形态耦合的新型海洋与气候数值模拟体系，以海洋观测、遥测技术和海洋与气候数据分析方法创新为特点的海洋立体认知体系。

2016年，瞄准“透明海洋与国防安全”重大战略任务目标，在“两洋一海”关键海域（黑潮延伸体、西太平洋、南海及东印度洋）构建了区域海洋观测网，填补了我国在上述海域的观测空白；获取了“两洋一海”关键海域一大批海洋观测数据，在中尺度涡、中尺度海气相互作用、模态水以及内孤立波等研究方面取得了重大进展，部分成果达到世界领先水平；在“两洋一海”动力环境过程与机理研究方面，研发了新一代地球系统模式，推出了具有自主知识产权的全球高分辨率同化海洋再分析资料和ENSO预测预报模型。

（2）蓝色生物资源开发利用

以实现海洋生物群体资源、遗传资源和产物资源的全面可持续利用为目标,通过基础研究、前沿技术、共性关键技术研发及应用示范的全链条一体化部署，完善近海健康养殖和资源养护的基础理论、核心关键技术，构建海洋牧场等新生产模式。优化环境友好型捕捞装备和技术体系，合理开发利用近海渔业资源。突破离岸深水生产平台构建关键技术，研制智能化养殖关键配套设施，研发专业化、多功能工程作业船，构建离岸深水养殖工程化新模式。开发极地渔业资源，维护国家极地权益，助力实施“一带一路”国家战略。开拓海洋药用生物资源，突破海洋药物与生物制品研发关键技术，形成具有中国特色的国家海洋药物创新体系，研制海洋创新药物与海洋生物制品。按照“长远规划、分步实施”的原则，着力打造一批新技术、新装备、新模式和重大产品，形成产业链完整的产业集群，构建科技创新发展战略智库，培育和集聚创新、创业核心团队，成为海洋生物资源开发理论和技术创新的发祥地，新兴产业和新业态兴起的策源地，为蓝色生物资源开发利用提供强有力的科技支撑。

2016年，瞄准“蓝色生命过程与生物资源安全”重大战略任务目标，在深蓝渔业方面，建立了南极磷虾资源声学数据中干扰噪声消除技术，形成了南极磷虾虾粉生产线，完成了深远海及近岸养殖总体设计方案和智能化养殖关键配套设施研发，建立了深远海养殖重要品种的规模化繁育关键技术；在海水健康养殖方面，绘制了花鲈、对虾的基因组测序和条斑紫菜、坛紫菜基因组精细图谱，建立了全基因组标记分型新技术Multi-isoRAD，查明了中国近海蓝点马鲛的种群结构、小黄鱼和口虾蛄渔获量分布及其影响因子，建立了一套突发性海洋溢油污染事故对渔业损害评估指标体系和技术方法；在蓝色药物与生物制品研发方面，获得6个显著抗肿瘤的活性化合物，并发出3种新型低毒海洋生物农药、1个海洋生物抗逆肥料、2种寡糖动保制品，研制出海藻胶软胶囊囊材并建立了中试生产线。

（3）亚洲大陆边缘地质过程与资源环境效应

面向国家经济建设、国防建设、海洋权益维护和“海上丝绸之路”建设对海洋地质的重大需求，结合亚洲大陆边缘形成演化和资源储藏等重大前沿科学问题，完成对西太平洋和东印度洋海底地质作用过程、海底矿产资源分布规律、海底环境变异和演化历史、重大海底灾害的全面探测和认知，实现对重点区域矿产资源评价预测、海底环境变化和重大灾害预测与防治能力的重大突破；揭示欧亚、太平洋和印度-澳大利亚三大板块之间相互作用的演变与机理，从深部地球动力学结构上认识影响亚洲大陆边缘海发育的主控因素，阐明大陆边缘演化对环境气候变化和海底灾害的影响；开拓海洋矿产资源新区、新层位和新领域，研发先进的具有自主知识产权的海底探测技术与装备，构建亚洲大陆边缘海底资源环境安全保障服务系统，形成深海海底探测的关键技术体系及产业化基地。

2016年，瞄准“海底过程与能源、矿产安全”重大战略任务目标，获得了首条横贯南黄海海域长达600千米的海陆联合深部地震剖面，完成了中国–泰国安达曼海沉积物合作调查航次，进行了海底探测技术保障系统样机的试制和应用试验，提出了南黄海陆架基底成因的新假说。获得的相关资料样品和成果具有很强的实用性和创新性，推动了亚洲大陆边缘的地质过程研究。

（4）近海生态灾害发生机理与防控策略

针对中国近海生态系统健康问题，以有害藻华和水母暴发等海洋生态灾害为重点，将长江口及其邻近海域作为主要目标海域，深入开展近海生态灾害问题发生机理、预测方法与防控对策研究。通过研究探明我国近海生态灾害成因，揭示近海生态系统演变与生态灾害爆发的关系，有效提升近海生态灾害应对能力。通过项目支持搭建近海生态灾害与生态系统健康研究平台，为维持近海生态系统健康提供科技支撑。

2016年，瞄准“健康海洋与生态安全”重大战略任务目标，综合利用卫星遥感、无人机、科考船、打捞船等设备，在2016年春季黄海绿潮监测、预报、打捞和资源化利用中，提出“提前打捞、靠前防控”的绿潮防控策略并开展了初步可行性验证，及时为地方政府绿潮灾害预警和防控策略提供技术支撑及政策建议，为有效应对2016年黄海绿潮灾害发挥了重要作用。针对北部湾海域核电安全问题，组织海洋生态与环境科学功能实验室改进了黏土防治赤潮技术，有效控制了棕囊藻赤潮问题，得到了多位国家领导人和相关部委的批复与重视。

（5）深海研究

瞄准“深海与极地极端环境研究”重大战略任务目标，2016年启动并实施了多项深海研究相关的项目和任务：“万米深海行动计划”——地球第四极探索航次、中国大洋38航次——“蛟龙号”南海潜次调查研究和深海专项（预研）。

“万米深海行动计划”——地球第四极探索航次

在马里亚纳海沟成功完成万米深海科考任务，深入研究马里亚纳海沟水动力过程、地质与地球物理过程、生物地球化学过程等多种过程演变规律，揭示多过程之间的相互作用及其对深部物质循环、能量循环、生命演化及资源等的影响。通过自主研发的海洋仪器装备，获得了诸多珍贵海洋观测资料，填补了多项海洋科研领域空白。

“蛟龙号”南海潜次调查研究

根据国家发展深海大洋探测技术的重大需求，与中国大洋协会沟通，海洋国家实验室参加“蛟龙号”试验性航次并开展5个潜次的下潜任务。完成了“蛟龙号”南海调查研究相关的2个“鳌山科技创新计划”项目立项和组织管理，拟利用“蛟龙号”深潜器开展南海深潜，对地质学与生物学及生态环境等多学科开展综合研究，是海洋国家实验室开展海洋科学与其他学科交叉研究的一次有益探索，是海洋国家实验室科学家首次参与“蛟龙号”试验性应用航次，也是海洋国家实验室深海研究计划的重要尝试。2016年海洋国家实验室被增补为蛟龙号深潜领导小组成员单位。目前，“蛟龙号”南海潜次调查与研究的各项筹备工作已经就绪。

深海专项（预研）

为推动“深海与极地极端环境战略”研究任务的实施，部署了启动深海专项

（预研），邀请深海发展总体战略、海洋动力、海洋地质、海洋生物、海洋技术等学科领域专家组成的深海专项专家组，围绕深海科学与技术总体战略研究、深海环境过程、深海生命过程、深海地质过程、深海技术装备等专题，启动了5个“鳌山科技创新计划”项目，拟通过深入预研，提出我国深海研究的重大战略需求、关键科学问题、研发任务建议和实施计划，在深海极端环境探测与认知、关键深海过程研究、急需技术装备研制等方面实现突破。

（6）蓝色智库与经略海洋

近海自然生产力与可持续对策战略研究

为科学应对我国近海资源承载力在全球气候变化和人类活动的协同影响下面临的严重胁迫，维护近海生态系统健康，支撑海洋经济健康发展，与中国科学院联合开展了“中国近海自然生产力与可持续对策”重大战略咨询项目研究。拟通过我国典型海域开展自然环境和养殖环境承载力调研，近海生态系统各要素合理配置的空间布局分析，从生态系统、环境安全和生物资源的变动情况综合分析近海环境承载力，提出我国典型近海区域渔业生产经营空间布局和可持续发展模式，从局部典型案例分析提出对我国近海海域养殖发展策略的客观、全面预判，形成中国典型近海区生态养殖承载力与可持续生产模式发展战略研究报告。

海洋生态文化研究

为支撑海洋生态文明建设、提升全民海洋生态文明意识，启动中国海洋生态文化研究“鳌山科技创新计划”项目，在系统阐明海洋生态文化的基本理念、概念、内涵和中国海洋生态文化的传统智慧和历史经验的基础上，分析当前和未来我国海洋生态文化发展面临的主要问题，提出中国海洋生态文化发展的战略指向与对策建议。

（7）海洋工程装备技术

小型模块化AUV及配套温盐深测量模块研制

为支撑“透明海洋与国防安全”重大战略任务的实施，发展海洋观测与探测技术。针对目前海洋探测、考察和开发的需求，重点围绕AUV小型化总体集成技术、

AUV作业载荷模块化搭载和应用技术、面向不同对象的分布式控制系统技术等方面开展相关研究，将研制一种小型、模块化、大潜深的综合多功能型AUV。该设备可完成水下探测、海洋科学调查以及海底地形数据收集功能等任务，具备模块化搭载、高精度导航、路径规划、水下通信、自主避碰等功能，能根据作业任务需求，实现自动定深、定高、定向和航迹跟踪等运动模式，通过相应试验测试并开展海上性能验证试验；通过开展载荷模块化、标准化、通用化研究，研制适配AUV搭载的温盐深测量模块，实现规划航路下的温、盐等海洋动力环境要素观测。

面向空间站工程飞船返回舱高海况打捞回收关键技术研究

积极服务于国家载人航天和“海洋强国”战略，构建飞船返回舱发射海上回收技术保障系统。利用基于主/被动复合波浪补偿控制技术，研究突破高海况飞船返回舱打捞回收关键技术及核心装备。完成在4—6级高海况条件下，基于船载平台的面向载人空间站工程的飞船返回舱高海况打捞救援，及日常救助和深海资源探测功能兼顾的安全保障技术与系统设备的研发。研究设计支撑飞船返回舱高海况打捞系统设备模型试验的多自由度工况模拟参数耦合的摇摆试验平台，及基于计算机仿真的数值模拟试验系统。研究构建基于船舶多自由度运动与飞船返回舱打捞技术参数匹配的波浪补偿控制模型。对于完善我国载人航天空间站工程技术体系、提升海洋领域相关保障技术水平具有重要意义。

（8）开放基金

为紧密结合国家海洋科技发展面临的重大科学问题和关键技术难题，开展前瞻性、创新性、探索性研究，孕育、产生具有颠覆性学术思想和原创性学术理念的研究项目，凝聚培养积极探索、勇于创新的青年人才，进一步提升海洋国家实验室科技创新能力，海洋国家实验室多方筹措资金设立开放基金，启动实施首批开放基金项目申报工作。根据开放基金管理办法，开放基金项目评审与批准按“初审、同行专家通讯评议、同行专家会议评审、海洋国家实验室审批”程序进行。

2016年度开放基金面向全国科研院所、高等院校开放，确定了“海洋过程及其资源、环境和气候效应”、“透明海洋新技术原理与应用”、“海洋新能源、新材料”、“深远海极端环境及战略性资源”和“多学科交叉与前沿技术”五个资助方向及其选题范围。海洋国家实验室的开放基金项目受到国内科研院所的广泛关注，将为五大战略任务的实施提供重要的思想库、项目库和人才库，共同服务“海洋强国”和“21世纪海上丝绸之路”国家战略。

三、科研成果

（一）学术论著

据不完全统计，本年度累计发表学术论文1 465篇。其中：SCI论文1 030篇（占论文总数70.4%），Nature、Science及其子刊发表论文39篇。出版专著33部。

（二）授权专利

据不完全统计，本年度获各类授权专利共计243项。其中：国外专利2项；国家发明专利191项；实用新型专利36项；登记软件著作权14项。

（三）成果奖励

据不完全统计，本年度获省部级以上奖励24项。其中：海洋科学技术奖一等奖2项，山东省技术发明奖一等奖1项，海洋工程科学技术奖一等奖2项。

四、公共科研平台建设

（一）高性能科学计算与系统仿真平台建设快速推进

该平台以满足透明海洋、深海极地、蓝色生命等重大战略任务对智能超算及系统仿真的需求为导向，以构建国际一流的超高分辨率全球海洋模拟器为目标，以基础条件建设和技术团队组建为抓手，重点夯实技术服务基础。

完成一期基础条件建设。现已完成主要计算、存储系统、机房及配套系统建设，基本完成系统调试。一期总投资1.15亿元，总计算性能达到1.25 PFlops（千万亿次每秒），并与国家超级计算济南中心集群共享互联，协同达到2.6 PFlops计算性能，是目前全球海洋领域最快的超算中心。

组建技术服务团队。联合浪潮集团和国家超级计算济南中心组建联合实验室，组成了一支100人的技术支撑和服务团队，在开展平台硬件系统运行维护的同时，已面向海洋监测、观测数据及其分析算法和模型，深海动力、环境、流体等高精度数值模拟与实时可视化，深海生物医药计算模拟等领域开展研究工作，初步具备了技术服务能力。

力争E级超算项目落户。密切跟踪国家互联网+、国家大数据、国家人工智能2.0等重大战略计划，结合国家海洋重大战略任务实施的实际需求，积极参与国家E级超算验证机规划建设等工作，全力争取E级超算项目落户海洋国家实验室，以建成全球数据感知最广、计算速度最快、数据信息最多、领域服务最细的国际一流的海洋超算中心，为亚公里级海洋预测、全深海基因组计划等重大基础研究提供技术支撑。

（二）科学考察船共享平台建设初见成效

该平台依托理事单位科考船及大型仪器装备，以实现科考航次和信息数据共享为抓手，通过搭建具有公益性、基础性、战略性的基础条件共享平台，建设海洋国家实验室科考船共享网络平台，实现船时与科考数据的合理共享，有效发挥科考船等大型海洋装备资源的潜能，全面提升了海洋国家实验室对深远海及大洋极地的探测能力与研究水平。

创新共享体制机制。2016年，与拥船理事单位签署《青岛海洋科学与技术国家实验室科学考察船开放共享合作协议》，成立科学考察船共享管理机构。以“开放共享、公管共用、专业运行”为原则，构建海洋科学考察船共享机制，通过科学运筹，合理安排船期、航线、站位，促进仪器设备和调查资料资源的高效开放共享。

构建科学考察船网络信息系统。该系统主要包括平台概况、航次共享系统、新闻动态、船舶/设备信息、文件下载、后台管理等模块，2016年已完成一期建设并上线试运行。下一步将结合共享航次发布、功能航次设计等需求，对网站进行优化和升级，逐步建成国内科考装备与调查数据领域的核心开放共享网络平台。

成功组织共享航次计划。2016年，组织实施的“万米深海行动计划”和“黄、东海综合调查共享航次”共享航次计划，在统筹科研任务、开放数据成果等方面均实现了历史性突破。

“万米深海行动计划”：该航次于2016年9月份由“东方红2”科考船实施，历时20余天，主要完成了三大任务：一是成功回收构建在马里亚纳海沟的海洋科学综合观测网（由5套深海科学综合观测潜标、9套海底地震仪、1套深海海底边界层测量系统等设备构成）调查资料数据；二是开展4 000米深海Argo浮标、远程AUV、波浪滑翔机、深水实时式/自容式高清摄像机、万米深水采样装置及深海万米重力沉积物采样器等8种完全自主研制的海洋仪器与装备的系统化海上试验；三是完成马里亚纳海沟大断面全水深海洋环境参量测量、大体积水体采样和深海海底沉积物采样，对采集样品进行深海细菌的种质资源、酶资源、药用资源的深度开发研究工作。该航次也是海洋国家实验室启动以战略任务为导向的首个面向全国的远洋科考开放共享航次，为我国海洋领域协同创新、共享机制的形成与应用做出了具有开创意义的探索和示范。

“黄、东海综合调查共享航次”：该航次于2016年11月份由“北斗号”科考船实施，历时近30天，设置调查站位45个，重点开展了渔业资源、物理海洋、海洋地质、海洋化学、基础生产力等多方面科研工作，取得了黄、东海生物资源、理化环境和地质概况的重要资料，获取了具有国际可比性的综合调查数据，为黄、东海海洋权益维护提供基础和技术数据支撑。该航次依托初步建成的共享机制和协调渠道，征集并实施了来自5家单位，6个研究方向，23位科学家的30余个科研项目的开放共享搭载，迈出了近海调查科研任务整合和统筹的第一步。

（三）海洋创新药物筛选与评价平台技术体系日臻完善

该平台以建设设施现代化、管理科学化、服务标准化的海洋药物研发创新中心和综合服务性平台为目标，2016年着重从优化团队结构、完善技术体系、规范管理服务三方面入手，提升技术服务能力和科研实力，为海洋化合物筛选和药物研发提供强大的技术支撑。

基础条件建设基本完成。改造升级1 500平方米实验室场地，建立完善高通量筛选与评价场地、SPF级的动物实验场地、抗感染研发的P2实验室场地、化学分析场地、蛋白工程实验室场地和以海洋资源为特点的化合物库以及网络信息平台；在原有原子吸收光谱仪、核磁共振波谱仪、高分辨液质联用仪、高通量筛选（大分子芯片、高内涵）等实验仪器基础上增配了气质联用仪、气相色谱、离子色谱、红外光谱仪、冻干机、超速离心机、分选流式细胞仪、微生物鉴定系统等先进仪器设备，形成高速、全方位的药物筛选评价实验系统。

组建高水平技术团队。面向国内外招募高水平技术人才，邀请中国工程院院士丁健和美国三院院士George R. Stark博士担任战略科学家，聘请杨金波博士担任平台主任，引进蔡兵研究员（军事医学科学院药理专家）、王树林博士（海大筑峰三教授）、崔承彬博士（杰青、长江学者）、赵晨阳博士（海大英才一层次）、许哲博士（海大英才三层次）担任首席科学家及项目科学家，并配备具有博士或硕士学位专业技术人员十余人，初步形成了以六大疾病（肿瘤、心血管、代谢性疾免疫、神经退行性疾病、抗感染）及化合物结构鉴定为主要方向，领域分配合理、技术层次分明、学术实力强的研发服务队伍。

优化技术服务体系。分子水平筛选子平台根据多糖、蛋白、多肽、小分子等的特性建立了各种化合物的芯片筛选体系，通过用药前后基因表达谱的变化进行药物活性筛选，使分子筛选的效率显著提高。细胞水平筛选子平台已积累近100种细胞株，在肿瘤、心脑血管、代谢疾病等领域建立了先进的药物筛选模型，并构建基因转染以及荧光素酶细胞株用于细胞水平筛选的细胞系。动物水平筛选子平台已取得了山东省动物管理委员会颁发的使用许可证，规范完善疾病动物模型和药效学评价体系，建立了肿瘤、免疫、心血管疾病等重大疾病相关的药物筛选技术体系、药物代谢动力学技术体系和药物安全性评价技术体系。化合物结构鉴定子平台现已掌握核磁共振分析、质谱分析和原子吸收等分析技术，构建了生物质谱高通量筛选技术体系。先后筛选肿瘤、免疫、神经营养、糖尿病、高血脂、抗老化等活性化合物5 000余个，其中发现100余个活性化合物和新药候选物；进行肿瘤、心血管、免疫、糖尿病等领域动物实验近40次，对外服务累计千余次，在领域内获得了广泛的信誉。

（四）海洋高端仪器设备研发等平台筹建有序推进

面向海洋国家实验室五大战略任务和服务八大产业方向，聚焦海洋高端仪器设备研发、海洋同位素与地质年代测试、海洋分子生物技术、海洋多功能材料等方向开展专业平台建设的论证工作。

海洋高端仪器设备研发平台以具有自主创新能力的海洋仪器设备研发中心为目标，聚焦我国对海洋先进调查装备需求，配合海洋国家实验室科学考察船共享平台、东区建设，积极开展平台任务凝练、技术合作、主体建筑设计细化等任务开展工作。

海洋同位素与地质年代测试平台瞄准建设拥有最先进测试技术、具有世界一流水平的海洋地质测年和同位素测试分析中心，一期聚焦加速器质谱实验室，重点从平台基础条件、技术人才培养开展论证和筹备工作。

海洋分子生物技术公共实验平台瞄准海洋生命科学领域的重要科学前沿、重大国家需求与关键共性技术，构建设施一流、技术先进、管理科学、服务到位、开放共享的高水平研发平台，凝聚国内外海洋生命科学与技术高端人才，支撑并提升海洋国家实验室生命学科相关功能实验室的研发能力。重点规划了海洋生命现象与结构观测及解析、海洋生物组学分析、海洋生物大分子功能解析、海洋生态关键生物学过程与机制解析、海洋生物大数据搜集解析与应用五大研发模块和支持与辅助单元。

海洋多功能材料平台瞄准世界一流的新材料创新研发平台的定位，聚焦海洋特色多功能材料的研发、测试、评价、技术服务等功能。已启动的一期建设以海洋腐蚀与生物污损为重点方向，初步完成了基础条件、技术队伍和运行机制的搭建。

五、国际交流与合作

（一）搭建国际交流网络，夯实国际合作基础

对标国际发展前沿。立足海洋国家实验室六个研究方向和五大战略任务，结

合功能实验室、联合实验室、平台等学术交流需求，邀请接待了德国亥姆霍兹国家研究中心联合会主席Otmar D. Wiestler教授、美国伍兹霍尔海洋研究所常务副所长Laurence P. Madin教授、美国斯克利普斯海洋研究所所长Margaret Leinen教授、俄罗斯太平洋海洋研究所所长Vyacheslav B. Lobanov教授、日本海洋研究开发机构理事白山义久教授、澳大利亚新南威尔士大学副校长Emma Johnston教授、塔斯马尼亚大学副校长兼海洋与南极研究所所长Richard Coleman教授、国际海洋研究科学委员会秘书处执行主任Ed Urban博士等国外专家学者约2 000人次访问海洋国家实验室，通过参观、研讨等方式，在气候变化、极端环境、有害藻华、深海观测等领域进行交流讨论，建立合作关系，达成合作共识。

提高国际知名度。为了提高海洋国家实验室国际化程度，加强在南大洋研究、海洋技术、海洋装备、深海钻探、海洋能等领域的国际合作，主任委员会主任吴立新院士、副主任庄志猛，学术委员会秘书长潘克厚等先后率团访问了美国伍兹霍尔海洋研究所、法国海洋开发研究院、德国亥姆霍兹（基尔）海洋研究中心、日本海洋研究开发机构、欧洲海洋能中心、澳大利亚科学与工业研发组织、澳大利亚塔斯马尼亚大学海洋与南极研究所等国际主要海洋科研机构，增强世界对海洋国家实验室的了解，提高海洋国家实验室的国际知名度，推动海洋国家实验室国际合作网络的搭建。

加盟全球海洋联合观测组织。2016年8月，海洋国家实验室正式加入全球海洋联合观测组织（POGO）。现有38个成员机构，在促进全球海洋科研机构交流合作、统筹不同区域的海洋学科观测信息、实现多学科观测信息交流共享、支持发展中国家海洋观测与研究等方面发挥着重要作用。加入该组织，将进一步促进海洋国家实验室与全球海洋机构的交流合作，助推海洋国家实验室为全球海洋观测研究做出更大贡献。

有序推进国际合作项目。积极协助并推动国际合作项目的组织、申请、开展和执行，为国内外专家的合作研究提供政策、平台和智力支撑。2016年在研国际合作项目43项，包括海洋动力过程与气候功能实验室的西北太平洋海洋环流与气候试验项目；海洋生物学与生物技术功能实验室的中-俄南海近岸红树林、海草床与珊瑚礁海洋生物多样性合作研究；区域海洋动力学与数值模拟功能实验室的利用区域气候模式开展西北太平洋气候变化趋势研究等。

（二）建设海外科研基地，提高国际创新能力

秉承“开放、流动、合作、共享”的理念，立足青岛，面向世界，以任务为导向、大科学平台为支撑、人才为创新资源，制定实施了“南北并重、东西共举”的国际合作战略。

全力推动南半球海洋研究中心建设。2016年，与澳大利亚科学与工业研发组织签署合作协议，共建“南半球海洋研究中心”，成为我国同澳大利亚海洋科技合作的“窗口”和“桥头堡”，是我国第一个在世界发达国家和海洋强国设立的科学研究中心。“南半球海洋研究中心”的建立，必将有力促进我国海洋与气候科学发展，为我国参与南半球海洋资源开发提供平台。

有效支撑海底有缆观测开放工作室筹备。开放工作室是海洋国家实验室科研创新组织形式之一，是高效聚集全球创新资源、快速提高创新能力的一种尝试。2016年，启动了首个开放工作室——海底有缆观测开放工作室的建设。该开放工作室聘任德国雅各布斯大学Laurenz Thomsen教授为首席科学家，并组建科研团队，开展深海观测网构建技术研发。

（三）国际高端学术交流平台建设成绩斐然

设立“鳌山论坛”，打造蓝色智库。“鳌山论坛”是海洋国家实验室发起并搭建的高层次学术交流平台。2016年，举办了以天然气水合物开发、极地海洋生态、智慧海洋、海洋大数据等为主题的17期“鳌山论坛”，报告总数达258个，参与研讨的国内外专家达两千余人次，不但提升了海洋国家实验室高端学术交流水平，促进了学科融合与协同创新，还为“透明海洋”、“蓝色生命”、“海底资源”等重大战略任务的实施提供了思想库、任务库。

主办CLIVAR 2016年开放科学大会，推动全球海洋气候变化研究。商讨制订CLIVAR未来10年科学计划，庆祝CLIVAR建立20周年。汇聚了来自美、英、法、德、日、韩等50个国家和地区、250多家机构的600多位海洋和大气领域专家学者。

大会发表报告108个，展示墙报234个，开展主题研讨11场。会上，与会专家交流最新研究成果，碰撞前沿学术思想，为全球气候变化研究奠定了基础、明确了方向。

发起全球海洋院所领导人论坛，构建海洋观测和研究伙伴关系。倡导全球海洋科技创新治理，发起并主办了2016年全球海洋院所领导人论坛（Global Ocean Summit 2016），来自全球19个国家和地区的海洋科教机构、国际组织的64家单位负责人及其代表出席论坛。论坛以“构建海洋观测和研究伙伴关系”为主题，进行了主旨报告、大会报告、大会讨论和实地调研，发布了论坛宣言，在海洋研究机构发展战略、应对社会经济发展对海洋科学技术挑战、海洋科教资源共享等方面达成了共识。此次论坛的召开，大幅度提升了海洋国家实验室在国际海洋科教界的地位，展示了开放、协作的国际形象。

六、队伍建设与人才培养

科研队伍建设日益优化。综合集成国内外优势创新力量，形成功能实验室、联合实验室和开放工作室的研究体系，科研队伍达到2 000余人。目前，8个功能实验室建设渐入正轨，拥有固定科研人员376人，流动科研人员（含研究生）1 200人，其中院士13人。海洋观测与探测联合实验室、海洋高端装备联合实验室和深蓝渔业装备联合实验室等4个联合实验室建设取得实质性进展，固定人员共计200人，流动科研人员300人，其中院士4人。已投入运行的公共科研平台固定人员82人，流动科研人员100人，其中院士3人。

科研人才培养成效显著。2016年，首批入选“鳌山人才”培养计划的33名卓越科学家和青年学者，管理年度进展态势良好。2016年，5人入选国家“万人计划”学者，2人入选“教育部长江学者奖励计划”，3人获得国家优秀青年科学基金资助，9人入选山东省“泰山学者”计划，1人获得山东省自然科学杰出青年基金资助；海洋动力过程与气候功能实验室谢尚平教授与海洋地质过程与环境功能实验室李三忠教授入选2016年ESI全球高引研究人员名录；谢尚平教授获得斯维尔德鲁普金质奖章（Sverdrup Gold Medal），成为首位获得该奖项的华人科学家。

引进海外高端人才。启动建立海外科学家开放工作室，2016年海洋国家实验室首个开放工作室——海底有缆观测开放工作室筹建顺利，德国雅各布斯大学Laurenz Thomsen教授正牵头组织欧洲多国专家团队来实验室工作，首批5位。启动实施“鳌山人才”引进计划，面向全球遴选领军科学家、卓越科学家、优秀青年学者和杰出工程师。目前，按照国家战略需求和重大任务导向，已向全球发布了第二批鳌山人才培养计划和海外高端人才引进计划，包括三位澳大利亚院士、一位美国科学院院士等在内的一批国际领军科学家正在向国家实验室汇聚。与美国伍兹霍尔海洋研究所等研究机构达成协议，柔性引进20位一流科学家。

七、科技成果转化

2016年，以海洋国家实验室重大战略任务需求为导向，以联合实验室建设为载体，以鳌山科技创新计划和“问海计划”相关研发项目为牵引，整合联合实验室共建单位、涉海科研机构及企业等优势创新资源，开展海洋关键技术研发和海工装备研制，着力解决海洋核心技术和重要仪器装备制造受制于人的被动局面。

（一）启动“问海计划”，聚焦监测探测设备研制

与山东省科技厅与共同设立并启动“问海计划”，加快构建我国自主的海洋观测系统，集成国内外先进技术/设备，研发具有自主知识产权的小型化、智能化高端海洋观测与探测设备，实现我国海洋科研技术装备水平提升和设备的国产化。首批“问海计划”设立了“大洋4000米水深自持式智能浮标”和“大深度水下滑翔机”的两大研发方向，遴选了4个为期2年的研发项目。目前，省拨研发经费共计1750万如期到位，项目正式启动实施；未来，项目成果通过中期验收考核后，海洋国家实验室将给予经费后补助，支持研究成果的产业化开发。

（二）筹建海洋科技产业基金，打造服务创新需求的资金链

面向海洋领域科研成果及专利技术，以科技研发、专利运营、产业孵化、风险投资为核心，面向创新需求部署资金链，推动设立科技金融产业基金，逐步建设完

善成果转化建设体系。

海洋国家实验室积极推动技术创新与金融资本的结合，谋划科技金融产业基金框架。与国信集团签署战略合作协议，在海洋科技研发成果产业化、深海众创空间建设与运营、海洋产业经济发展等方面开展全面合作。2016年，成立了海洋国家实验室与国信集团联合工作组，建立了不定期的联席会议制度，形成了前期合作机制，双方就深海众创空间建设、天使投资、风险投资、夹层投资等产权资本支持海洋科技成果转化，达成合作意向，推动了国信海洋产业基金的设立。此外，海洋国家实验室积极扩展协同创新网络，与国内涉及海洋机械、新材料、通讯等优势企业开展合作洽谈，积极谋划海洋产业发展新途径。

（三）推动科技成果转化，发挥科技对产业发展的支撑作用

为加速现有科技成果的转化和推广应用，面向重大战略研究任务需求，对理事单位和共建合作单位所取得的科技成果进行了梳理，遴选出80余项具有潜在产业化价值的成果，初步建立了海洋科技成果转化项目库。

为全面展示海洋国家实验室发展成效，疏通科技成果转化渠道，2016年，组织了联合实验室开放日、海洋工程装备与技术专题会、参加了2016中国（青岛）国际海洋科技展览会等活动，在推动海洋国家实验室科研体系、大型科研平台集群与企业的有效对接的同时，彰显了海洋国家实验室引领我国海洋科技创新的实力与水平。

在前期工作基础上，2016年，围绕国家海洋高端装备国产化目标，促成了首批科技成果与企业的对接，在“蓝色生命——智慧生态养殖大数据服务平台”、“海工装备功能材料工程化开发”和“透明海洋——深海导航技术与装备研发”等方面，分别与山东宝隆海洋科技股份有限公司、阿里云有限公司、中科院上海有机所（盐城）新材料中心、青岛罗博飞海洋技术有限公司、北京航天控制仪器研究所、青岛海山海洋装备有限公司等单位签署合作协议，推动了我国海洋装备工程化和产业化发展。

附 录

附录一　国家海洋创新指数指标体系

一、国家海洋创新指数内涵

国家海洋创新指数是指衡量一国海洋创新能力，切实反映一国海洋创新质量和效率的综合性指数。

国家海洋创新指数评估工作借鉴了国内外关于国家竞争力和创新评估等理论与方法，基于创新型海洋强国的内涵分析，确定指标选择原则，从海洋创新资源、海洋知识创造、海洋企业创新、海洋创新绩效和海洋创新环境5个方面构建了国家海洋创新指数的指标体系，力求全面、客观、准确地反映我国海洋创新能力在创新链不同层面的特点，形成一套比较完整的指标体系和评估方法。通过指数测度，为综合评估创新型海洋强国建设进程，完善海洋科技创新政策提供技术支撑和咨询服务。

二、创新型海洋强国内涵

建设海洋强国，亟须推动海洋科技向创新引领型转变。国际历史经验表明，海洋科技发展是实现海洋强国的根本保障，应建立国家海洋创新评估指标体系，从战略高度审视我国海洋发展动态，强化海洋基础研究和人才团队建设，大力发展海洋科学技术，为经济社会各方面提供决策支持。

国家海洋创新指数评估将有利于国家和地方政府及时掌握海洋科技发展战略实施进展及可能出现的问题，为进一步采取对策提供基本信息；有利于国际、国内公众了解我国海洋事业取得的进展、成就、趋势及存在的问题；有利于企业和投资者研判我国海洋领域的机遇与风险；有利于为从事海洋领域研究的学者和机构提供有关信息。

纵观我国海洋经济的发展历程，大体经历了3个阶段：①资源依赖阶段；②产业规模粗放扩张阶段；③由量向质转变阶段。海洋科技的飞速发展，推动新型海洋产业规模不断发展扩大，成为海洋经济新的增长点。我国海域辽阔，海洋资源丰富，但是多年的粗放式发展使得资源环境问题日益突出，制约了海洋经济的进一步发展。因此，只有不断地进行海洋创新，才能促进海洋经济的健康发展，步入“创新型海洋强国”行列。

“创新型海洋强国”的最主要特征是国家海洋经济社会发展方式与传统的发展模式相比发生了根本的变化。创新型海洋强国的判别应主要依据海洋经济增长是主要依靠要素（传统的海洋资源消耗和资本）投入来驱动，还是主要依靠以知识创造、传播和应用为标志的创新活动来驱动。

创新型海洋强国应具备4个方面的能力：

（1）较高的海洋创新资源综合投入能力；

（2）较高的海洋知识创造与扩散应用能力；

（3）较高的海洋知识创造影响表现能力；

（4）良好的海洋创新环境。

三、指标选择原则

（1）评估思路体现海洋可持续发展思想。不仅要考虑海洋创新整体发展环境，还要考虑经济发展、知识成果的可持续性指标，兼顾指数的时间趋势。

（2）数据来源具有权威性。基本数据必须来源于公认的国家官方统计和调查。通过正规渠道定期搜集，确保基本数据的准确性、权威性、持续性和及时性。

（3）指标具有科学性、现实性和可扩展性。海洋创新指数与各项分指数之间逻辑关系严密，分指数的每一指标都能体现科学性和客观现实性思想，尽可能减少人为合成指标，各指标均有独特的宏观表征意义，定义相对宽泛，并非对应唯一狭义数据，便于指标体系的扩展和调整。

（4）评估体系兼顾我国海洋区域特点。选取指标以相对指标为主，兼顾不同区域在海洋创新资源产出效率、创新活动规模和创新领域广度上的不同特点。

（5）纵向分析与横向比较相结合。既有纵向的历史发展轨迹回顾分析，也有横向的各沿海区域比较、各经济区比较、各经济圈比较和国际比较。

四、指标体系构建

创新是从创新概念的提出到研发、知识产出再到商业化应用转化为经济效益的完整过程。海洋创新能力体现在海洋科技知识的产生、流动和转化为经济效益的整个过程中。应该从海洋创新环境、创新资源的投入、知识创造与应用、绩效影响等整个创新链的主要环节来构建指标，评估国家海洋创新能力。

本报告采用综合指数评估方法，从创新过程选择分指数，最终确定了海洋创新资源、海洋知识创造、海洋企业创新、海洋创新绩效和海洋创新环境5个分指数；遵循指标的选取原则，选择25个指标（见附表1-1）形成国家海洋创新指数评估指标体系，指标均为正向指标；再利用国家海洋创新综合指数及其指标体系对我国海洋创新能力进行综合分析、比较与判断。

海洋创新资源：反映一个国家海洋创新活动的投入力度，创新型人才资源供给能力以及创新所依赖的基础设施投入水平。创新投入是国家海洋创新活动的必要条件，包括科技资金投入和人才资源投入等。

海洋知识创造：反映一个国家的海洋科研产出能力和知识传播能力。海洋知识创造的形式多种多样，产生的效益也是多方面的，本报告主要从海洋发明专利和科技论文等角度考虑海洋创新的知识积累效益。

海洋企业创新：反映一个国家海洋企业的创新能力。海洋企业创新分指数从海洋企业创新的效率和效果两个方面选取指标。

海洋创新绩效：反映一个国家开展海洋创新活动所产生的效果和影响。海洋创新绩效分指数从国家海洋创新的效率和效果两个方面选取指标。

海洋创新环境：反映一个国家海洋创新活动所依赖的外部环境，主要包括相关海洋制度创新和环境创新。其中，制度创新的主体是政府等相关部门，主要体现在政府对创新的政策支持、对创新的资金支持和知识产权管理等方面；环境创新主要指创新的配置能力、创新基础设施、创新基础经济水平、创新金融及文化环境等。

附表1-1 国家海洋创新指数指标体系

综合指数	分指数	指标	
国家海洋创新指数 A	海洋创新资源 B_1	1.研究与发展经费投入强度	C_1
		2.研究与发展人力投入强度	C_2
		3.科技活动人员中高级职称所占比重	C_3
		4.科技活动人员占海洋科研机构从业人员的比重	C_4
	海洋知识创造 B_2	5.万名科研人员承担的课题数	C_5
		6.亿美元经济产出的发明专利申请数	C_6
		7.万名R&D人员的发明专利授权数	C_7
		8.本年出版科技著作	C_8
		9.万名科研人员发表的科技论文数	C_9
		10.国外发表的论文数占总论文数的比重	C_{10}
	海洋企业创新 B_3	11. 企业发明专利授权数占总发明专利授权数比重	C_{11}
		12. 企业R&D经费与主要海洋产业增加值的比例	C_{12}
		13. 万名企业R&D人员的发明专利授权数	C_{13}
		14. 海洋综合技术自主率	C_{14}
		15. 企业R&D人员占R&D人员总量比重	C_{15}
	海洋创新绩效 B_4	16.海洋科技成果转化率	C_{16}
		17.海洋科技进步贡献率	C_{17}
		18.海洋劳动生产率	C_{18}
		19.科研教育管理服务业占海洋生产总值比重	C_{19}
		20.单位能耗的海洋经济产出	C_{20}
		21.海洋生产总值占国内生产总值的比重	C_{21}
	海洋创新环境 B_5	22.沿海地区人均海洋生产总值	C_{22}
		23.R&D经费中设备购置费所占比重	C_{23}
		24.海洋科研机构科技经费筹集额中政府资金所占比重	C_{24}
		25. 海洋专业大专及以上应届毕业生人数	C_{25}

附录二 国家海洋创新指数指标解释

C_1. 研究与发展经费投入强度

海洋科研机构的R&D经费占国内海洋生产总值比重，也就是国家海洋研发经费投入强度指标，反映国家海洋创新资金投入强度。

C_2. 研究与发展人力投入强度

每万名涉海就业人员中R&D人员数，反映一个国家创新人力资源投入强度。

C_3. 科技活动人员中高级职称所占比重

海洋科研机构内从业人员中高级职称人员所占比重，反映一个国家海洋科技活动的顶尖人才力量。

C_4. 科技活动人员占海洋科研机构从业人员的比重

海洋科研机构内从业人员中科技活动人员所占比重，反映一个国家海洋创新活动科研力量的强度。

C_5. 万名科研人员承担的课题数

平均每万名科研人员承担的国内课题数，反映海洋科研人员从事创新活动的强度。

C_6. 亿美元经济产出的发明专利申请数

一国海洋发明专利申请数量除以海洋生产总值（以汇率折算的亿美元为单位）。该指标反映了相对于经济产出的技术产出量和一个国家的海洋创新活动的活跃程度。3种专利（发明专利、实用新型专利和外观设计专利）中发明专利技术含量和价值最高，发明专利申请数可以反映一个国家的海洋创新活动的活跃程度和自主创新能力。

C_7. 万名 R&D 人员的发明专利授权数

平均每万名R&D人员的国内发明专利授权量，反映一个国家自主创新能力和技术创新能力。

C_8. 本年出版科技著作

指经过正式出版部门编印出版的科技专著、大专院校教科书、科普著作。只统计本单位科技人员为第一作者的著作。同一书名计为一种著作，与书的发行量无关，反映一个国家海洋科学研究的产出能力。

C_9. 万名科研人员发表的科技论文数

平均每万名科研人员发表的科技论文数，反映科学研究的产出效率。

C_{10}. 国外发表的论文数占总论文数的比重

一国发表的科技论文中，在国外发表的论文所占比重，可反映科技论文相关研究的国际化水平。

C_{11}. 企业发明专利授权数占总发明专利授权数比重

反映海洋企业专利发明对海洋领域专利发明的贡献程度。

C_{12}. 企业 R&D 经费与主要海洋产业增加值的比例

反映海洋企业创新资金投入强度。

C_{13}. 万名企业 R&D 人员的发明专利授权数

平均每万名企业R&D人员的发明专利授权量，反映一个国家海洋企业自主创新能力和技术创新能力。

C_{14}. 海洋综合技术自主率

即一国海洋科研机构经费收入中来自企业的技术性收入占总技术性收入比重与国内专利授权数占本年专利授权数比重的平均值，反映一个国家海洋产业技术自给能力。

C_{15}. 企业 R&D 人员占 R&D 人员总量比重

即一国海洋科研机构全部R&D研究人员中企业研究人员所占的比例，反映一个国家海洋企业研发人力投入的能力和水平。

C_{16}. 海洋科技成果转化率

衡量海洋科技创新成果转化为商业开发产品的指数，是指为提高生产力水平而对科学研究与技术开发所产生的具有实用价值的海洋科技成果所进行的后续试验、开发、应用、推广直至形成新产品、新工艺、新材料，发展新产业等活动占海洋科技成果总量的比值。

C_{17}. 海洋科技进步贡献率

海洋科技进步贡献率的定义应以海洋科技进步增长率的定义为基础，是指在海洋经济各行业中，海洋科技进步增长率在整个海洋经济增长率中所占的比例。而海洋科技进步增长率则是指人类利用海洋资源和海洋空间进行各类社会生产、交换、分配和消费等活动时，剔除资金和劳动等生产要素以外其他要素的增长，具体是指由技术创新、技术扩散、技术转移与引进引起的装备技术水平的提高、技术工艺的改良、劳动者素质的提升以及管理决策能力的增强等。

C_{18}. 海洋劳动生产率

采用涉海就业人员的人均海洋生产总值，反映海洋创新活动对海洋经济产出的作用。

C_{19}. 科研教育管理服务业占海洋生产总值比重

反映海洋科研、教育、管理及服务等活动对海洋经济的贡献程度。

C_{20}. 单位能耗的海洋经济产出

采用万吨标准煤能源消耗的海洋生产总值，用来测度海洋创新带来的减少资源消耗的效果，也反映一个国家海洋经济增长的集约化水平。

C_{21}. 海洋生产总值占国内生产总值的比重

反映海洋经济对国民经济的贡献，用来测度海洋创新对海洋经济的推动作用。

C_{22}. 沿海地区人均海洋生产总值

按沿海地区人口平均的海洋生产总值，它在一定程度上反映了沿海地区人民生活水平的一个标准，可以衡量海洋生产力的增长情况和海洋创新活动所处的外部环境。

C_{23}. R&D 经费中设备购置费所占比重

海洋科研机构的R&D经费中设备购置费所占比重，反映海洋创新所需的硬件设备条件，一定程度上反映海洋创新的硬环境。

C_{24}. 海洋科研机构科技经费筹集额中政府资金所占比重

反映政府投资对海洋创新的促进作用及海洋创新所处的制度环境。

C_{25}. 海洋专业大专及以上应届毕业生人数

反映一个国家海洋科技人力资源培养与供给能力。

附录三 国家海洋创新指数评估方法

国家海洋创新指数的计算方法采用国际上流行的标杆分析法，即洛桑国际竞争力评价采用的方法。标杆分析法是目前国际上广泛应用的一种评估方法，其原理是：对被评估的对象给出一个基准值，并以此标准去衡量所有被评估的对象，从而发现彼此之间的差距，给出排序结果。

采用海洋创新评估指标体系中的指标，利用2001—2015年指标数据，分别计算以后各年的海洋创新指数与分指数得分，与基年比较即可看出国家海洋创新指数增长情况。

一、原始数据标准化处理

设定2001年为基准年，基准值为100。对国家海洋创新指数指标体系中25个指标的原始值进行标准化处理。具体操作为：

$$C_j^t = \frac{100x_j^t}{x_j^1}$$

式中：j=(1～25)为指标序列号，t=(1～14)为2001—2014年编号。x_j^t表示各年各项指标的原始数据值（x_j^1表示2001年各项指标的原始数据值），C_j^t表示各年各项指标标准化处理后的值。

二、国家海洋创新分指数测算

采用等权重[①]（下同）测算各年国家海洋创新指数分指数得分。

① 采用《国家海洋创新指数报告2015》的权重选取方法，取等权重。

当i=1时，$B_1^t = \sum_{j=1}^{5} \beta_1 C_j^t$，其中$\beta_1 = \frac{1}{5}$；

当i=2时，$B_2^t = \sum_{j=6}^{10} \beta_2 C_j^t$，其中$\beta_2 = \frac{1}{5}$；

当i=3时，$B_3^t = \sum_{j=11}^{15} \beta_3 C_j^t$，其中$\beta_3 = \frac{1}{5}$；

当i=4时，$B_4^t = \sum_{j=16}^{21} \beta_4 C_j^t$，其中$\beta_4 = \frac{1}{6}$；

当i=5时，$B_5^t = \sum_{j=21}^{25} \beta_5 C_j^t$，其中$\beta_5 = \frac{1}{4}$。

式中：$i=(1\sim5)$；$t=(1\sim14)$。B_1^t、B_2^t、B_3^t、B_4^t、B_5^t依次代表各年海洋创新资源分指数、海洋知识创造分指数、海洋企业创新分指数、海洋创新绩效分指数和海洋创新环境分指数的得分。

三、国家海洋创新指数测算

采用等权重（同上）测算国家海洋创新指数得分。

$$A^t = \sum_{i=1}^{5} \varpi B_i^t$$

式中：$i=(1\sim5)$；$t=(1\sim14)$。ϖ为权重（等权重为$\frac{1}{5}$），A^t为各年的国家海洋创新指数得分。

附录四　区域海洋创新指数评估方法

一、区域海洋创新指数指标体系说明

区域海洋创新指数由海洋创新资源分指数、海洋知识创造分指数、海洋创新绩效分指数和海洋创新环境4个分指数构成。与国家海洋创新指数指标体系相比，区域海洋创新指数指标体系缺少海洋企业创新分指数，同时区域海洋创新绩效分指数相比于国家海洋创新绩效分指数缺少“海洋科技进步贡献率”和“海洋科技成果转化率”2个指标。

二、原始数据归一化处理

对2015年18个指标的原始值分别进行归一化处理。归一化处理是为了消除多指标综合评估中，计量单位的差异和指标数值的数量级、相对数形式的差别，解决数据指标的可比性问题，使各指标处于同一数量级，便于进行综合对比分析。

指标数据处理采用直线型归一化方法，即

$$c_{ij} = \frac{y_{ij} - \min\limits_{i} y_{ij}}{\max\limits_{i} y_{ij} - \min\limits_{i} y_{ij}}$$

式中：$i=(1\sim11)$为我国大陆11个沿海省（市、区）序列号；$j=(1\sim18)$为指标序列号；y_{ij}表示各项指标的原始数据值；c_{ij}表示各项指标归一化处理后的值。

三、区域海洋创新分指数计算

区域海洋创新资源分指数得分$b_1 = 100\times\sum\limits_{j=1}^{5}\varphi_1 c_j$，其中$\varphi_1 = \frac{1}{5}$；

区域海洋知识创造分指数得分$b_2=100\times\sum_{j=6}^{10}\varphi_2 c_j$，其中$\varphi_2=\frac{1}{5}$；

区域海洋创新绩效分指数得分$b_3=100\times\sum_{j=11}^{14}\varphi_3 c_j$，其中$\varphi_3=\frac{1}{4}$；

区域海洋创新环境分指数得分$b_4=100\times\sum_{j=15}^{18}\varphi_4 c_j$，其中$\varphi_4=\frac{1}{4}$。

式中：$j=(1\sim18)$。b_1、b_2、b_3、b_4依次代表区域海洋创新资源分指数、海洋知识创造分指数、海洋创新绩效分指数和海洋创新环境分指数的得分。

四、区域海洋创新指数计算

采用等权重（同国家海洋创新指数）测算区域海洋创新指数得分。

$$a=\frac{1}{4}(b_1+b_2+b_3+b_4)$$

式中：a为区域海洋创新指数得分。

附录五　海洋科技进步贡献率辨析

作为衡量海洋科技进步对海洋经济增长贡献的重要指标，海洋科技进步贡献率一直受到广泛关注，国内学者关于这一指标的研究日益增多。然而，由于对其理解不统一，认识不到位，应用时往往也会有失偏颇，影响了社会公众对海洋科技创新水平的客观认识与全面理解。针对此问题，本研究对其由来、内涵等方面进行阐述和辨析如下。

一、海洋科技进步贡献率的由来及其重要意义

海洋科技进步贡献率来源于科技进步贡献率，而科技进步贡献率的原理和测算方法则源于生产函数和索洛在生产函数基础之上改进的索洛增长方程（又称索洛余值法）。国内大范围测算科技进步贡献率始于1992年，国家计委发布《关于展开经济增长中科技进步作用测算工作的通知》（计科技〔1992〕2525号文），掀起了专家学者对各领域科技进步贡献率研究的热潮。在此之后，科技进步贡献率作为创新领域的重要指标越来越多地出现在《国家中长期科技发展规划》、《国家“十一五”科学技术发展规划》、《国家“十二五”科学技术发展规划》等国家级规划中，前不久发布的《国民经济和社会发展第十三个五年规划纲要》也新增了“科技进步贡献率”指标。

对于海洋来说，科技进步贡献率也有着重要意义。进入21世纪，我国海洋战略地位逐渐提升。与此同时，海洋科技成为推动海洋经济发展的核心要素和重要支撑力量。定量评价海洋科技进步对海洋经济增长的作用，对海洋科技发展战略和相关海洋科技政策的制定有着重要的支撑作用和指示意义。目前，海洋科技进步贡献率已相继在《全国科技兴海规划纲要2008—2015年》、《全国海洋经济发展“十二五”规划》、《国家海洋事业发展“十二五”规划》、《国家海洋事业发展规划纲要》中得到应用，正在编制的海洋强国战略和科技创新总体规划也使用了该

指标。

二、海洋科技进步贡献率内涵辨析

什么是海洋科技进步贡献率？海洋科技进步贡献率与全要素生产率有何关系？海洋科技进步贡献率能否一直保持增长？海洋科技进步贡献率是否适合作区域评价？针对这几个常见问题，下面分别进行解读。

（一）什么是海洋科技进步贡献率

科技进步贡献率的理论内涵到底是什么？首先要弄清楚科技进步对经济增长的贡献作用。科技进步对经济增长的贡献过程，理论上是一种内含的扩大再生产，其原理可以理解为：一定数量的生产要素的组合，生产出更多产品（使用价值）的所有因素共同发生作用的过程。具体可概括为提高装备技术水平、改良工艺、提高劳动者素质、提高管理决策水平等几个方面。即在影响经济增长的诸因素中，剔除资金和劳动要素对经济增长的贡献后的部分都称为综合要素贡献。宏观经济学认为，除劳动和资本要素投入外，唯有技术水平提高能在中长期促进经济增长。因此，中长期的综合要素贡献可以被称为科技进步贡献。

具体到海洋上来讲，海洋科技进步贡献率的定义应以海洋科技进步增长率的定义为基础。所谓海洋科技进步增长率，是指人类利用海洋资源和海洋空间进行各类生产、服务活动时，在海洋中或以海洋资源为对象进行社会生产、交换、分配和消费等活动时，剔除资金和劳动等生产要素增长对海洋经济增长率的贡献以外的部分。而该海洋科技进步增长率在海洋经济增长率中所占的份额（百分比），就是海洋科技进步贡献率。其在经济学上的涵义是指海洋经济各行业中的，一定数量的生产要素的组合生产出更多产品（使用价值）的所有因素共同发生作用的过程。也可理解为在海洋经济增长中，除资本和劳动等固定要素外，其他要素增长所占的份额。

（二）海洋科技进步贡献率与全要素生产率有何关系

全要素生产率（Total Factor Productivity，简称TFP）是一个国际通用指标，其来源于技术进步、组织创新、专业化和生产创新等。通常把产出增长率超出要素投入增长率的部分称为TFP增长率。海洋科技进步贡献率中的科技进步部分，其内涵与TFP中扣除资本投入和劳动力投入之后的所有要素相同。海洋科技进步贡献率也可以表述为海洋TFP与海洋经济增长率的比值。

2015年3月7日，全国政协委员、财政部副部长朱光耀在政协讨论提出，《国民经济和社会发展第十三个五年规划纲要（草案）》中新增的科技进步贡献率这一指标非常重要。他认为该指标的设置有利于提升中国的全要素生产率。这段话间接反映了科技进步贡献率与全要素生产率之间的相关关系。其实，科技进步贡献率的经济学内涵就是全要素的贡献率，但是从长时间尺度来说，经济学认为只有科技进步能持续推动经济增长。换句话说，科技进步贡献率的测算基于的是长时间尺度的全要素生产率。在实际应用时，为尽量减小测算误差，笔者建议国家海洋科技进步贡献率的测算时长应在10年以上，最少也需5年。

（三）海洋科技进步贡献率能否一直保持增长

海洋科技进步贡献率是一个相对指标，其数值不会持续增长。

一方面，海洋科技对经济增长的贡献具有滞后性、周期性，因而该指标值并不总是上升的，而是存在波动性，经济周期、自然灾害、政策变化等都会影响到该数值。美、欧发达国家的TFP数值一般也在不断波动。

另一方面，在海洋科技水平发展到一定高度后，很难保持海洋科技进步贡献率指标值继续大幅提升。从整个历史进程来讲，海洋科技进步对海洋经济增长的影响应是持续的、累积的。也就是说，某个时间点的海洋科技进步将持续影响该时间点后的一切活动，任何一段时间内的海洋经济增长既有此段时间内海洋科技进步对其的贡献，也受到此段时间以前所有海洋科技进步的影响。

（四）海洋科技进步贡献率是否适合作区域评价

用海洋科技进步贡献率进行国内的市县级区域间横向比较的意义不大。

从定义上看，科技进步贡献率是在经济增长中，除去资本和劳动因素外，由科技进步等其他因素带来的经济增长所占份额，这是在增量而非总量中考察技术进步所发挥的作用。因此，对这一指标进行横向比较的意义不大，更适合一个国家或地区的纵向比较。例如，我国东部沿海地区社会经济和科技发展水平均相对发达，如果以现阶段为基期进行测算，往往会导致科技进步贡献率数值反而相对内陆落后地区小。

从理论角度来说，由于国内经济活动时不存在国家之间的技术壁垒，一般认为一国以内科技水平较为接近，因此不建议市县之间进行科技进步贡献率的横向比较。

在经济发展的不同阶段，科技进步对经济增长的贡献是不同的，不建议对不同阶段的不同区域进行横向比较。如果必须比较，建议辅以经济发展水平、社会发展程度等指标。

三、结　语

随着各类海洋规划对量化指标要求的不断提高，海洋科技进步贡献率的受重视程度必然逐步加大。应脚踏实地，加强数据获取、方法选择和测算过程等方面的研究，尽量减小误差，以切实发挥海洋科技进步贡献率的实践应用与指导价值。

附录六　海洋科技进步贡献率测算方法

目前，进行科技进步贡献率测算广泛而常用的方法是索洛余值法，这也是国家发展改革委、国家统计局及科技部等普遍使用的方法。

索洛余值法以柯布–道格拉斯生产函数作为基础模型，该方法表明了经济增长除了取决于资本增长率、劳动增长率以及资本和劳动对收入增长的相对作用的权数以外，还取决于技术进步，区分了由要素数量增加而产生的“增长效应”和因要素技术水平提高而带来经济增长的“水平效应”，系统地解释了经济增长的原因。

海洋经济涉及多个行业和部门，为了综合反映海洋类各行业的科技进步对海洋经济整体增长的贡献，需要对海洋类各行业进行全面测算，再按照各行业经济总产值在海洋经济整体中所占的比重，将各行业的科技进步在增长速度测算阶段进行汇总加权，得出海洋科技进步增长率，并进一步测算得出海洋科技进步贡献率。

根据海洋科技进步贡献率的理论内涵和特点，海洋科技进步贡献率可涉及的海洋产业范围有：直接从海洋中获取产品的生产和服务；直接对从海洋中获取的产品所进行的一次性加工生产和服务；直接应用于海洋的产品生产和服务；利用海水或海洋空间作为生产过程的基本要素所进行的生产和服务。其中，海洋科学研究、教育、技术等其他服务和管理范畴不适宜纳入海洋科技进步贡献率测算。

结合我国海洋科技的特点，通过对8个海洋产业的产出增长速度、资本增长速度和劳动增长速度进行行业加权，构建海洋科技进步贡献率测算的基本公式，公式推导过程如下：

令第i个产业（i=1，2，3，…，8）分别代表海洋养殖、海洋捕捞、海洋盐业、海洋船舶工业、海洋石油、海洋天然气、海洋交通运输、滨海旅游8个行业：

$y_i(t)$：第i产业t期的产出增长率，其中$t \in [t_1, t_2]$；

$k_i(t)$与$l_i(t)$分别表示t期的资本与劳动投入增长率，其中$t \in [t_1, t_2]$；

γ_i代表第i产业在总海洋产业中的权重。

k_i，l_i，y_i分别表示$k_i(t)$，$l_i(t)$，$y_i(t)$研究区间t_1至t_2内的平均值，即：

$$k_i = \frac{\sum_{t=t_1}^{t_2} k_i(t)}{n},\quad l_i = \frac{\sum_{t=t_1}^{t_2} l_i(t)}{n},\quad y_i = \frac{\sum_{t=t_1}^{t_2} y_i(t)}{n},\quad \text{其中} n = t_2 - t_1$$

k，l，y分别表示k_i，l_i，y_i的加权平均值，即

$$k = \sum_{i=1}^{8} k_i\gamma_i,\quad l = \sum_{i=1}^{8} l_i\gamma_i,\quad y = \sum_{i=1}^{8} y_i\gamma_i$$

由此可得出公式：

$$A = 1 - \frac{\alpha k}{y} - \frac{\beta l}{y} = 1 - \frac{\alpha\sum_{i=1}^{8} k_i\gamma_i}{\sum_{i=1}^{8} y_i\gamma_i} - \frac{\beta\sum_{i=1}^{8} l_i\gamma_i}{\sum_{i=1}^{8} y_i\gamma_i}$$

$$= 1 - \frac{\alpha\sum_{i=1}^{8}\frac{\sum_{i=t1}^{t_2} k_i(t)}{n}}{\sum_{i=1}^{8}\frac{\sum_{i=t_1}^{t_2} y_i(t)}{n}\gamma_i} - \frac{\beta\sum_{i=1}^{8}\frac{\sum_{i=t1}^{t_2} l_i(t)}{n}}{\sum_{i=1}^{8}\frac{\sum_{i=t_1}^{t_2} y_i(t)}{n}\gamma_i}$$

式中：A为研究期内的海洋科技进步贡献率；α与β分别表示海洋产业资本和劳动的弹性系数。

在指标时长的选取方面，由于海洋科技对海洋经济的影响是长期的，海洋科技进步贡献率测算时间在10年以上为宜，最少5年。综合考虑海洋管理实际需要和海洋数据年限限制，本研究在“十一五”期间指标测算和“十二五”期间指标短期预测时使用5年数据平均值，其他测算和长期预测时使用10年数据平均值（根据2006—2015年时长而定）。

在海洋产业的选取上，根据《中国海洋统计年鉴2016》（目前最新数据），2015年我国主要海洋产业包括海洋渔业（16.25%）、海洋油气业（3.51%）、海洋矿业（0.25%）、海洋盐业（0.26%）、海洋船舶工业（5.38%）、海洋化工业（3.68%）、海洋生物医药业（1.13%）、海洋工程建筑业（7.81%）、海洋电力

业（0.43%）、海水利用业（0.05%）、海洋交通运输业（20.68%）和滨海旅游业（40.59%）12大产业（见附表6-1）。经初步筛选和可行性分析，确定数据可支持的8个可测算行业包括：海水养殖业、海洋捕捞业、海洋盐业、海洋船舶工业、海洋石油业、海洋天然气产业、海洋交通运输业、滨海旅游业。以上8个海洋行业的产值总和约占主要海洋产业总值的86.65%，基本能够有效地反映我国海洋经济发展情况。

附表6-1　2015年我国主要海洋产业增加值

主要海洋产业	增加值（亿元）	占比
海洋渔业	4352.4	16.25%
海洋油气业	939.3	3.51%
海洋矿业	67.1	0.25%
海洋盐业	68.6	0.26%
海洋船舶工业	1440.5	5.38%
海洋化工业	985.0	3.68%
海洋生物医药业	301.6	1.13%
海洋工程建筑业	2092.1	7.81%
海洋电力业	116.0	0.43%
海水利用业	14.0	0.05%
海洋交通运输业	5540.8	20.68%
滨海旅游业	10874.1	40.59%
合计	26791.3	—

在弹性系数的确定方面，计算海洋科技进步贡献率时，可采用经验估计法、比值法和回归法确定资本和劳动产出弹性系数。经验估计法是指借鉴其他权威专家所测算出的系数；比值法的原理是利用与资本投入量和劳动投入量有关的数据计算两者的比值；回归法是指采用有约束（即$\alpha+\beta=1$）或无约束的生产函数模型，代入相应数值后，根据计量方法（即利用最小二乘法进行回归）估算出两个弹性系数。本次测算采用的是$\alpha=0.3$，$\beta=0.7$。

在权重的确定方面，根据《中国海洋统计年鉴》中我国“十二五”期间8个海洋行业的产值情况，确定各行业权重值（见附表6-2）。

附表6-2　各行业权重值

行业	权重	行业	权重
海水养殖业	0.1096	海洋石油业	0.0709
海洋捕捞业	0.0810	海洋天然气产业	0.0045
海洋盐业	0.0033	海洋交通运输业	0.2489
海洋船舶工业	0.0664	滨海旅游业	0.4154

在数据来源方面，本研究使用的代表海洋产业产值、资本和劳动的指标数据均来源于相应年份的《中国海洋统计年鉴》（见附表6-3）。从数据基础来看，目前可用于测算的连续数据为1996—2015年海洋产业产值、资本和劳动数据（对个别缺失数据进行趋势拟合插值）。

附表6-3　8大产业的产出指标、资本指标和劳动指标

8大产业	产出指标	资本指标	劳动指标
海水养殖业	海水养殖产量	海水养殖面积	海洋渔业及相关产业就业人员数
海洋捕捞业	海洋捕捞产量	主要海上活动船舶总吨	海洋渔业及相关产业就业人员数
海洋盐业	沿海地区海盐产量	盐业生产面积	海洋盐业就业人员数
海洋船舶工业	海洋船舶工业增加值	沿海地区造船完工量	海洋船舶工业就业人员数
海洋石油业	沿海地区海洋原油产量	海洋采油井	海洋石油和天然气业就业人员数
海洋天然气产业	沿海地区海洋天然气产量	海洋采气井	海洋石油和天然气业就业人员数
海洋交通运输业	海洋交通运输业增加值	沿海规模以上港口生产用码头泊位个数	海洋交通运输业就业人员数
滨海旅游业	滨海旅游业增加值	沿海地区旅行社总数	滨海旅游业就业人员数

将各行业的基准数据代入海洋科技进步贡献率公式，经调整和验证，得出我国“十一五”期间海洋科技进步贡献率的平均值为54.4%，2006—2015年期间海洋科技进步贡献率的平均值为64.2%（见附表6-4）。

附表6-4 海洋科技进步贡献率测算值

年份	产出增长率（%）	资本增长率（%）	劳动增长率（%）	海洋科技进步贡献率(A)（%）
2006—2010	12.86	10.10	4.05	54.4
2006—2015	10.97	6.74	2.72	64.2

从附表6-4可以看出，“十一五”期间我国海洋科技进步贡献率为54.4%，2006—2015年期间我国海洋科技进步贡献率为64.2%，有了较大幅度的增长，这与近年来我国对海洋科技的高度重视密不可分。《国家“十二五”海洋科学和技术发展规划纲要》中指出要提升海洋科技创新能力和科技支撑能力，促进我国海洋经济快速、持续、健康发展，切实转变海洋经济增长方式，使科技成为支撑和引领海洋事业创新发展的重要力量。

附录七 海洋科技成果转化率测算方法

海洋科技成果转化率的定义源于科技成果转化率。在科技成果转化率的研究方面，国外学者很少直接使用“科技成果转化”，而是用“科技经济一体化”、“技术创新”、“技术转化”、“技术推广”、“技术扩散”或“技术转移”来代替，且国外并没有针对全社会领域进行科技成果转化情况的统计或评价。

从国内来看，各领域学者对于科技成果转化率的观点不尽相同，主要可归纳为以下3种观点。

观点一：科技成果转化率是指已转化的科技成果占应用技术科技成果的比率。学者们认为“已转化的科技成果”并非指所有一切得到“转化”的科技成果。将应用技术成果用于生产并考察市场对该技术成果的可接受程度和直接利益或间接利益，若该应用技术成果可成功转化为商品并取得规模效益，则说明该项应用技术成果实现了转化。

观点二：科技成果转化率即已转化的科技成果占全部科技成果的比率。学者们认为，大多数的基础理论成果和部分软科学成果虽然无法直接应用于实际生产且成果转化的量化程度偏低，但其依然能够在一定程度上推动科技的进步与产业结构的调整和优化，因此建议将基础理论成果和软科学成果的转化情况纳入科技成果转化。

观点三：从管理角度来说，科技成果转化率应表示科技成果占全部研究课题的比率。

对于观点二来说，由于海洋领域的基础研究成果和软科学研究成果几乎都不能直接应用于生产实际，难以实现海洋科技成果的转化，因此不应采纳这一观点。对于观点三来说，定义中涉及的“科技成果”和“研究课题”来源于两套不同的海洋统计数据，其中“科技成果”来源于海洋科技统计数据，“研究课题”来源于海洋科技成果统计数据，因此这一观点不能正确地反映实际海洋科技成果转化情况。

因此，本报告建议采用观点一，对海洋科技成果转化率进行定义如下：海洋科技成果转化率是指一定时期内涉海单位进行自我转化或转化生产，处于投入应用或生产状态，并达到成熟应用的海洋科技成果占全部海洋科技应用技术成果的百分率。

根据海洋科技成果转化率的定义，可构建海洋科技成果转化率的公式为：

$$\text{海洋科技成果转化率} = \frac{\text{成熟应用的海洋科技成果}}{\text{全部海洋科技应用技术成果}} \times 100\%$$

由于海洋科技成果的转化是一个长期的过程，在测算海洋科技成果转化率时，覆盖周期越长，指标越符合实际。

需要注意的是，本报告所探讨的海洋科技成果转化率是狭义上的指标，公式中“成熟应用的海洋科技成果”和“全部海洋科技应用技术成果”均来自于海洋科技成果登记数据。从广义上来说，海洋科研课题、专利、论文、奖励、标准、软件著作权都属于海洋科技成果，难以统计且相互之间存在交叉重叠；从海洋科技成果形成，到初步应用，再到形成产品，直至达到规模化、产业化阶段，都可以算作海洋科技成果转化过程，难以辨别衡量。

基于海洋科技成果统计数据，运用海洋科技成果转化率标准公式进行计算，可得出2015年我国海洋科技成果转化率约为50.4%。

注：根据科技成果登记表，可将应用技术成果分为3个阶段。①初期阶段：指实验室、小试等初期阶段的研究成果。②中期阶段：指新产品、新工艺、新生产过程直接用于生产前，为从技术上进一步改进产品、工艺或生产过程而进行的中间试验（中试）；为进行产品定型设计，获取生产所需技术参数而制备的样机、试样；为广泛推广而作的示范；为达到成熟应用阶段、广泛推广而进行的阶段性研究成果。③成熟应用阶段：指工业化生产、正式（或可正式）投入应用的成果，包括农业技术大面积推广，医疗卫生的临床应用，公安、军工的正样、定型等成果。

附录八　海洋科技投入产出效率的测度方法和指标体系

一、测度方法

本研究以城市为基本研究单元，以海洋科技投入产出效率为研究对象，以2001—2015年海洋科研机构数据为基础，运用DEA模型，对全国涉海城市的投入产出效率进行测算并探索规律，在此基础上开展我国“十五”至“十三五”海洋科技投入产出效率的回顾分析和趋势预测，为推动海洋科技发展提供数据支撑。

数据包络分析（Data Development Analysis，DEA）是由A. Charnes、W.W. Cooper等提出的非参数统计分析方法，广泛应用于国家或地区间投入产出效率的评估，其优点主要在于：①结构简单，不需事先确定投入和产出的权重；②具有单位不变性的特点，可直接使用不同的计量单位；③可进行实际值与目标值间的比较分析和效率分析。本研究采用规模报酬可变（Variable Returns to Scale，VRS）的DEA模型，将全国涉海城市作为评价海洋科技投入产出效率的决策单元（Decision Making Unit，DMU），计算各城市的综合效率、纯技术效率和规模效率。

假设有N个DMU，每个DMU都有K种输入和L种输出，设x_{nk}（$x_{nk}>0$）代表第n个涉海城市的第k种资源的投入量，y_{nl}（$y_{nl}>0$）代表第n个涉海城市的第l种成果的产出量。对于第n个涉海城市，θ（$0<\theta\leqslant 1$）代表海洋科技投入产出效率综合指数；ε为非阿基米德无穷小量；λ_n（$\lambda_n\geqslant 0$）为权重变量，用于判断涉海城市的规模报酬情况；s^-（$s^-\geqslant 0$）为松弛变量，代表涉海城市达到DEA有效需要减少的投入量；s^+（$s^+\geqslant 0$）为剩余变量，代表涉海城市达到DEA有效需要增加的产出量。模型如下：

$$\min(\theta-\varepsilon(\sum_{k=1}^{K}s^-+\sum_{l=1}^{L}s^+))$$

$$s.t.\sum_{n=1}^{N} x_{nk}\lambda_n + s^- = \theta x_k^n \quad k = 1, 2, \cdots, K$$

$$\sum_{j=1}^{n} y_{nl}\lambda_n - s^+ = y_l^n \quad l = 1, 2, \cdots, L$$

$$\lambda_n \geqslant 0,\ n = 1, \cdots, N$$

根据模型，可得出各决策单元的海洋科技投入产出综合效率、纯技术效率和规模效率。其中综合效率是指海洋科技资源配置、海洋科技资源利用等能力的综合水平，反映决策单元的投入产出是否有效；纯技术效率反映各决策单元对海洋科技投入要素有效运用的程度；规模效率是指海洋科技资源投入规模与最佳规模之间的差距。

二、指标体系建立

评价指标体系的建立是DEA评价模型关键环节之一，为保证评价结果的准确性和可靠性，不仅需要选取真实、客观的样本数据，还要建立科学、合理的指标体系。现有评价科技投入产出效率的研究中，大多选取劳动力和资本作为投入变量，选取论文、著作、专利等作为产出变量。根据投入产出效率指标数量宜少原则，投入指标数目+产出指标数目$\leqslant \frac{1}{3}$DMU个数，综合考虑数据的可获得性以及海洋科技发展投入规模大、回报周期长的特点，本研究建立如下评价指标体系。

海洋科技投入反映涉海地区海洋科技研发和孵化水平的基础和条件，包括海洋科技资金投入、人员投入和涉海科研机构数量等，即能为海洋科技创新提供基础力量。其中，科技活动支出是指用于涉海单位内部开展海洋科研活动所实际支出的费用；科技活动人员是指涉海单位从业人员中的科技管理人员、课题活动人员和科技服务人员。

附表8-1　海洋科技投入产出效率评价指标体系

一级指标	二级指标	三级指标
海洋科技投入	资本投入	科技活动支出
		涉海科研机构数量
	劳动力投入	科技活动人员
海洋科技产出	科技产出	科技论文发表数量
		科技著作出版数量
		科技专利授权数量

海洋科技产出反映涉海地区海洋科技资源的转化能力或利用水平，包括科技论文发表数量、著作出版数量和专利授权数量等。此外，海洋科技发展对海洋经济的带动作用也视为海洋科技产出范畴，但因缺乏相应数据，未将其纳入指标体系。

附录九　区域分类依据及相关概念界定

一、沿海省（市、区）

拥有海岸线的11个省（市、区），具体包括天津、河北、辽宁、上海、江苏、浙江、福建、山东、广东、广西和海南。

二、海洋经济区

我国有五大海洋经济区，分别为：环渤海经济区、长江三角洲经济区、海峡西岸经济区、珠江三角洲经济区和环北部湾经济区。其中环渤海经济区中纳入评估的沿海省（市、区）为辽宁、河北、山东、天津；长江三角洲经济区中纳入评估的沿海省（市、区）为江苏、上海、浙江；海峡西岸经济区中纳入评估的沿海省（市、区）为福建；珠江三角洲经济区中纳入评估的沿海省（市、区）为广东；环北部湾经济区中纳入评估的沿海省（市、区）为广西和海南。

三、海洋经济圈

海洋经济圈分区依据是《全国海洋经济发展“十二五”规划》，我国有三大海洋经济圈，分别为：北部海洋经济圈、东部海洋经济圈和南部海洋经济圈。北部海洋经济圈由辽东半岛、渤海湾和山东半岛沿岸及海域组成，本报告纳入评估的沿海省（市、区）包括天津、河北、辽宁和山东；东部海洋经济圈由江苏、上海、浙江沿岸及海域组成，纳入评估的沿海省（市、区）包括江苏、浙江和上海；南部海洋经济圈由福建、珠江口及其两翼、北部湾、海南岛沿岸及海域组成，即纳入评估的沿海省（市、区）包括福建、广东、广西和海南。

四、涉海城市

本研究中所指涉海城市是指拥有海洋科研机构的城市，该概念仅用于本研究。根据科技部科技统计数据统计，2001—2015年期间全国共有涉海城市59个，具体城市见附表9-1。根据地理空间分布，将全国涉海地区分为北、东、南、西南和中西部5个部分。其中，北部地区包括北京、天津、山东、河北、辽宁和黑龙江；东部地区包括上海、江苏、浙江以及福建；南部地区包括广东和海南两个省份；西南沿海地区则是指广西壮族自治区；部分内陆地区也存在相当强度的海洋科研实力，但因在区位和数据方面与广西壮族自治区存在明显差异，因此将其划分为中西部涉海地区。根据上述划分原则，北部地区有23个涉海城市；东部地区有17个涉海城市；南部地区有13个涉海城市；西南沿海地区和中西部涉海地区各有3个涉海城市。

附表9-1　涉海城市列表

省（市/区）	涉海城市				
北京市	北京				
天津市	天津				
河北省	石家庄	秦皇岛			
辽宁省	沈阳	大连	抚顺	丹东	锦州
	营口	辽阳	盘锦	铁岭	葫芦岛
黑龙江省	哈尔滨				
上海市	上海				
江苏省	南京	南通	连云港	盐城	镇江
浙江省	杭州	宁波	温州	绍兴	舟山
	台州				
福建省	福州	厦门	莆田	泉州	宁德
山东省	济南	青岛	东营	烟台	潍坊
	威海	日照	滨州		
湖北省	武汉				
广东省	广州	珠海	深圳	汕头	佛山
	江门	湛江	茂名	惠州	东莞
	揭阳				
广西壮族自治区	南宁	北海	钦州		
海南省	海口	三亚			
陕西省	西安				
甘肃省	兰州				

附录十　主要涉海高等学校清单（含涉海比例系数）

一、教育部直属高等学校

北京大学（根据北京大学的涉海专业数占专业总数的比例确定涉海比例系数：0.0932，下同）、清华大学（0.0256）、北京师范大学（0.1373）、中国地质大学（北京）（0.2381）、天津大学（0.0877）、大连理工大学（0.0886）、上海交通大学（0.0484）、南京大学（0.1163）、河海大学（0.9020）、浙江大学（0.1102）、厦门大学（0.0707）、中国海洋大学（0.8462）、武汉大学（0.0645）、中国地质大学（武汉）（0.2258）、中山大学（0.1280）、同济大学（0.0859）、华东师范大学（0.0789）、华中科技大学（0.0566）、华南理工大学（0.0490）

二、工业和信息化部直属高等学校

哈尔滨工业大学（0.0462）

三、交通运输部直属高等学校

大连海事大学（0.9348）

四、地方高等学校

上海海洋大学（0.3191）、广东海洋大学（0.2200）、大连海洋大学（0.9545）、浙江海洋学院（0.8913）、宁波大学（0.1935）、集美大学（0.2388）、南京信息工程大学（0.2759）

附录十一　涉海学科清单（教育部学科分类）

附表11-1　涉海学科清单（教育部学科分类）

代码	学科名称	说明
140	**物理学**	
14020	声学	
1402050	水声和海洋声学	原名为“水声学”
1403064	海洋光学	
170	**地球科学**	
17050	地质学	
1705077	石油与天然气地质学	含天然气水合物地质学
17060	海洋科学	
1706010	海洋物理学	
1706015	海洋化学	
1706020	海洋地球物理学	
1706025	海洋气象学	
1706030	海洋地质学	
1706035	物理海洋学	
1706040	海洋生物学	
1706045	海洋地理学和河口海岸学	原名为“河口、海岸学”
1706050	海洋调查与监测	
	海洋工程	见41630
	海洋测绘学	见42050
1706061	遥感海洋学	亦名卫星海洋学
1706065	海洋生态学	
1706070	环境海洋学	
1706075	海洋资源学	

续表11-1

代码	学科名称	说明
1706080	极地科学	
1706099	海洋科学其他学科	
240	**水产学**	
24010	水产学基础学科	
2401010	水产化学	
2401020	水产地理学	
2401030	水产生物学	
2401033	水产遗传育种学	
2401036	水产动物医学	
2401040	水域生态学	
2401099	水产学基础学科其他学科	
24015	水产增殖学	
24020	水产养殖学	
24025	水产饲料学	
24030	水产保护学	
24035	捕捞学	
24040	水产品贮藏与加工	
24045	水产工程学	
24050	水产资源学	
24055	水产经济学	
24099	水产学其他学科	
340	**军事医学与特种医学**	
34020	特种医学	
3402020	潜水医学	
3402030	航海医学	
413	**信息与系统科学相关工程与技术**	
41330	信息技术系统性应用	

续表11-1

代码	学科名称	说明
4133030	海洋信息技术	
416	**自然科学相关工程与技术**	
41630	海洋工程与技术	代码原为57050，原名为“海洋工程”
4163010	海洋工程结构与施工	代码原为5705010
4163015	海底矿产开发	代码原为5705020
4163020	海水资源利用	代码原为5705030
4163025	海洋环境工程	代码原为5705040
4163030	海岸工程	
4163035	近海工程	
4163040	深海工程	
4163045	海洋资源开发利用技术	包括海洋矿产资源、海水资源、海洋生物、海洋能开发技术等
4163050	海洋观测预报技术	包括海洋水下技术、海洋观测技术、海洋遥感技术、海洋预报预测技术等
4163055	海洋环境保护技术	
4163099	海洋工程与技术其他学科	代码原为5705099
420	**测绘科学技术**	
42050	海洋测绘	
4205010	海洋大地测量	
4205015	海洋重力测量	
4205020	海洋磁力测量	
4205025	海洋跃层测量	
4205030	海洋声速测量	
4205035	海道测量	
4205040	海底地形测量	
4205045	海图制图	
4205050	海洋工程测量	
4205099	海洋测绘其他学科	

续表11-1

代码	学科名称	说明
480	**能源科学技术**	
48060	一次能源	
4806020	石油、天然气能	
4806030	水能	包括海洋能等
4806040	风能	
4806085	天然气水合物能	
490	**核科学技术**	
49050	核动力工程技术	
4905010	舰船核动力	
570	**水利工程**	
57010	水利工程基础学科	
5701020	河流与海岸动力学	
580	**交通运输工程**	
58040	水路运输	
5804010	航海技术与装备工程	原名为“航海学”
5804020	船舶通信与导航工程	原名为“导航建筑物与航标工程”
5804030	航道工程	
5804040	港口工程	
5804080	海事技术与装备工程	
58050	船舶、舰船工程	
610	**环境科学技术及资源科学技术**	
61020	环境学	
6102020	水体环境学	包括海洋环境学
620	**安全科学技术**	
62010	安全科学技术基础学科	
6201030	灾害学	包括灾害物理、灾害化学、灾害毒理等

续表11-1

代码	学科名称	说明
780	**考古学**	
78060	专门考古	
7806070	水下考古	
790	**经济学**	
79049	资源经济学	
7904910	海洋资源经济学	
830	**军事学**	
83030	战役学	
8303020	海军战役学	
83035	战术学	
8303530	海军战术学	

说明：根据二级学科所包含的涉海学科（三级学科）数占其所包含的三级学科总数的比例确定二级学科涉海比例系数如下：声学（0.06）、光学（0.06）、地质学（0.04）、海洋科学（1）、水产学基础学科（1）、水产增殖学（1）、水产养殖学（1）、水产饲料学（1）、水产保护学（1）、捕捞学（1）、水产品贮藏与加工（1）、水产工程学（1）、水产资源学（1）、水产经济学（1）、水产学其他学科（1）、特种医学（0.33）、信息技术系统性应用（0.25）、海洋工程与技术（1）、海洋测绘（1）、一次能源（0.36）、核动力工程技术（0.20）、水利工程基础学科（0.25）、水路运输（0.56）、船舶、舰船工程（1）、环境学（0.17）、安全科学技术基础学科（0.17）、专门考古（0.11）、资源经济学（0.17）、战役学（0.17）、战术学（0.17）。

编制说明

为响应国家海洋创新战略，服务国家创新体系建设，受国家海洋局科学技术司委托，国家海洋局第一海洋研究所自2006年起着手开展海洋创新指标的测算工作，并于2013年正式启动国家海洋创新指数的研究工作。《国家海洋创新指数报告2016》是相关系列报告的第四期。现将有关情况说明如下。

一、需求分析

创新驱动发展已经成为我国的国家发展战略，《中共中央关于全面深化改革若干重大问题的决定》明确提出要“建设国家创新体系”。海洋创新是建设创新型国家的关键领域，也是国家创新体系的重要组成部分。探索构建国家海洋创新指数，评估我国国家海洋创新能力，对海洋强国的建设意义重大。《国家海洋创新指数报告2016》编制的必要性主要表现在以下4个方面：

（一）全面摸清我国海洋创新家底的迫切需要

搜集海洋经济统计、科技统计和科技成果登记等海洋创新数据，全面摸清我国海洋创新家底，是客观分析我国国家海洋创新能力的基础。

（二）深入把握我国海洋创新发展趋势的客观需要

从海洋创新环境、海洋创新资源、海洋知识创造和海洋创新绩效4个方面，挖掘分析海洋创新数据，深入把握我国海洋创新发展趋势，是认清我国海洋创新路径与方式的必要前提。

（三）准确测算我国海洋创新重要指标的实际需要

对海洋科技进步贡献率、海洋科技成果转化率等海洋创新重要指标进行测算和预测，切实反映我国海洋创新的质量和效率，为我国海洋创新政策的制定提供系列重要指标支撑。

（四）全面了解国际海洋创新发展态势的现实需要

从海洋科学论文的发表机构、影响程度等方面分析国际海洋创新在科学研究层面上的发展态势，从海洋专利的申请机构、技术布局和保护策略等方面分析国际海洋创新在技术研发层面上的发展态势，全面了解国际海洋创新发展态势，为我国海洋创新发展提供参考。

二、编制依据

（一）十八大报告

党的十八大报告将“进入创新型国家行列”作为全面建成小康社会和全面深化改革开放的目标，提出要“实施创新驱动发展战略”，并指出“科技创新是提高社会生产力和综合国力的战略支撑”，要“促进创新资源高效配置和综合集成，把全社会智慧和力量凝聚到创新发展上来”。

（二）十八届五中全会报告

十八届五中全会报告指出，“必须把创新摆在国家发展全局的核心位置，不断推进理论创新、制度创新、科技创新、文化创新等各方面创新，让创新贯穿党和国家一切工作，让创新在全社会蔚然成风”。

（三）国家创新驱动发展战略纲要

2016年5月，中共中央、国务院印发的《国家创新驱动发展战略纲要》指出，“党的十八大提出实施创新驱动发展战略，强调科技创新是提高社会生产力和综合国力的战略支撑，必须摆在国家发展全局的核心位置。这是中央在新的发展阶段确立的立足全局、面向全球、聚焦关键、带动整体的国家重大发展战略”。

（四）中华人民共和国国民经济和社会发展第十三个五年规划纲要

《中华人民共和国国民经济和社会发展第十三个五年规划纲要》提出创新驱动主要指标，强化科技创新引领作用，指出“把发展基点放在创新上，以科技创新为核心，以人才发展为支撑，推动科技创新与大众创业万众创新有机结合，塑造更多依靠创新驱动、更多发挥先发优势的引领型发展”。

（五）推动共建丝绸之路经济带和 21 世纪海上丝绸之路的愿景与行动

《推动共建丝绸之路经济带和21世纪海上丝绸之路的愿景与行动》提出“创新开放型经济体制机制，加大科技创新力度，形成参与和引领国际合作竞争新优势，成为‘一带一路’特别是21世纪海上丝绸之路建设的排头兵和主力军”的发展思路。

（六）中共中央关于全面深化改革若干重大问题的决定

《中共中央关于全面深化改革若干重大问题的决定》明确提出要“建设国家创新体系”。

（七）“十三五”国家科技创新规划

《“十三五”国家科技创新规划》提出“‘十三五’时期是全面建成小康社会和进入创新型国家行列的决胜阶段，是深入实施创新驱动发展战略、全面深化科技体制改革的关键时期，必须认真贯彻落实党中央、国务院决策部署，面向全球、立足全局，深刻认识并准确把握经济发展新常态的新要求和国内外科技创新的新趋势，系统谋划创新发展新路径，以科技创新为引领开拓发展新境界，加速迈进创新型国家行列，加快建设世界科技强国”。

（八）海洋科技创新总体规划

《海洋科技创新总体规划》战略研究首次工作会上提出“要围绕‘总体’和‘创新’做好海洋战略研究”，“要认清创新路径和方式，评估好‘家底’”。

（九）“十三五”海洋领域科技创新专项规划

“十三五”海洋领域科技创新专项规划明确提出“‘十三五’时期是我国全面建成小康社会的决胜阶段，是实施创新驱动发展战略、建设海洋强国的关键时期”，“进一步建设完善国家海洋科技创新体系，提升我国海洋科技创新能力，显著增强科技创新对提高海洋产业发展的支撑作用”。

（十）国家“十二五”海洋科学和技术发展规划纲要

《国家“十二五”海洋科学和技术发展规划纲要》明确提出“十二五”期间海洋科技发展的总体目标包括“海洋自主创新能力明显增强”，“沿海区域科技创新能力显著提升，海洋科技创新体系更加完善，海洋科技对海洋经济的贡献率达到60%以上，基本形成海洋科技创新驱动海洋经济和海洋事业可持续发展的能力”。

（十一）全国海洋经济发展规划纲要

《全国海洋经济发展规划纲要》提出要“逐步把我国建设成为海洋强国”。

（十二）全国科技兴海规划纲要（2008—2015年）

《全国科技兴海规划纲要（2008—2015年）》明确指出，要“指导和推进海洋科技成果转化与产业化，加速发展海洋产业，支撑、带动沿海地区海洋经济又好又快发展”。

（十三）“十二五”国家海洋事业发展规划纲要

《“十二五”国家海洋事业发展规划纲要》指出“必须把海洋事业摆在十分重要的战略位置”，“加快发展海洋事业，努力建设海洋强国”。

（十四）海洋强国建设科技支撑体系发展方案

《海洋强国建设科技支撑体系发展方案》指出，海洋强国建设科技支撑体系发展的基本目标是，“按照海洋事业发展规划的总体要求，优化海洋科技发展和科技兴海的总体布局，依托具有创新优势的现有中央和地方科研力量和科技资源”，“建设服务国家海洋强国建设目标的海洋科技支撑体系，增强科学海洋事业的能力和海洋行业的核心竞争力”。

（十五）国家中长期科学和技术发展规划纲要（2006—2020年）

《国家中长期科学和技术发展规划纲要（2006—2020年）》提出，要“把提高自主创新能力作为调整经济结构、转变增长方式、提高国家竞争力的中心环节，把建设创新型国家作为面向未来的重大战略选择”，并指出科技工作的指导方针是“自主创新，重点跨越，支撑发展，引领未来”，强调要“全面推进中国特色国家创新体系建设，大幅度提高国家自主创新能力”。

（十六）“十二五”科学和技术发展规划

《“十二五”科学和技术发展规划》指出“‘十二五’是我国全面建设小康社会的关键时期，是提高自主创新能力、建设创新型国家的攻坚阶段”，要“充分发挥科技进步和创新对加快转变经济发展方式的重要支撑作用”。

（十七）“十三五”国家科技创新专项规划

《“十三五”国家科技创新专项规划》指出创新是引领发展的第一动力。规划从6个方面对科技创新进行了重点部署，以深入实施创新驱动发展战略、支撑供给侧结构性改革。规划提出，到2020年，我国国家综合创新能力世界排名要从目前的第18位提升到第15位；科技进步贡献率要从目前的55.3%提高到60%；研发投入强度要从目前的2.1%提高到2.5%。

三、数据来源

《国家海洋创新指数报告2016》所用数据来源于以下方面：

（1）《中国统计年鉴》；

（2）《中国海洋统计年鉴》；

（3）科技部科技统计数据；

（4）教育部涉海高校和涉海学科科技统计数据；

（5）中国科学院兰州文献情报中心海洋科学论文、海洋专利等数据；

（6）《中国科学引文数据库》（Chinese Science Citation Database，CSCD）；

（7）《科学引文索引扩展版》（Science Citation Index Expanded，SCIE）数据库；

（8）我国海洋经济创新发展区域示范相关数据；

（9）海洋科技成果登记数据；

（10）《高等学校科技统计资料汇编》；

（11）其他公开出版物。

四、编制过程

《国家海洋创新指数报告2016》受国家海洋局科学技术司委托，由国家海洋局第一海洋研究所海洋政策研究中心具体组织编写；中国科学院兰州文献情报中心参与编写了海洋论文、专利和国际海洋科技研究态势专题分析等部分；国家海洋局科学技术司提供了我国海洋经济创新发展区域示范专题相关内容；科技部创新发展司、教育部科学技术司、国家海洋信息中心和华中科技大学管理学院等单位、部门提供了数据支持。具体编制过程分为前期准备阶段、数据测算与报告编制阶段、征求意见与修改阶段3个阶段，具体如下。

（一）前期准备阶段

形成基本思路。2017年1—2月。国家海洋创新指数评估系列报告第一期（《国家海洋创新指数试评估报告2013》）、第二期（《国家海洋创新指数试评估报告2014》）和第三期（《国家海洋创新指数报告2015》）分别在2015年5月、2015年12月和2016年12月出版。2017年初，在《国家海洋创新指数报告2015》前期工作的基础上，经过多次研究讨论和交流沟通，总结归纳前三期的经验和不足之处，形成《国家海洋创新指数报告2016》的编制思路，编写《国家海洋创新指数报告2016》具体方案，汇报国家海洋局科学技术司。

进行数据收集。2017年1月，从华中科技大学科技统计信息中心和教育部科技司获取海洋科研机构科技创新数据、《高等学校科技统计资料汇编》相关数据和涉海高等学校按照涉海学科（一级）提取的涉海科技创新数据。同时，与中国科学院兰州文献情报中心合作，获取海洋领域SCI论文和海洋专利等数据。

组建报告编写组与指标测算组。2017年1月，在国家海洋局科技司和国家海洋创新指数顾问组的指导下，在《国家海洋创新指数报告2015》原编写组基础上，组建《国家海洋创新指数报告2016》编写组与指标测算组，具体由国家海洋局第一海洋研究所海洋政策研究中心会同中国科学院兰州文献情报中心等人员组成。

（二）数据测算与报告编制完善阶段

数据处理与分析。2017年1—2月，对海洋科研机构科技创新数据及《中国统计年鉴》、《中国海洋统计年鉴》、《高等学校科技统计资料汇编》、涉海高等学校按照涉海学科（一级）提取的涉海科技创新数据等来源数据，进行数据处理与分析。

数据测算。2017年2月20日至3月20日，组织测算组测算海洋科技进步贡献率和海洋科技成果转化率，并根据相应的评估方法测算国家海洋创新指数和区域海洋创新指数。

报告文本初稿编写。2017年3月21日至4月20日，根据数据分析结果和指标测算结果，完成报告第一稿的编写。

数据第一轮复核。2017年4月21日至5月7日，组织测算组进行数据第一轮复核，重点检查数据来源、数据处理过程与图表。

报告文本第二稿修改。2017年5月8—22日，根据数据复核结果和指标测算结果，修改报告初稿，形成征求意见文本第二稿。

数据第二轮复核。2017年5月23—31日，组织测算组进行数据第二轮复核，流程按照逆向复核的方式，根据文本内容依次检查图表、数据处理过程、数据来源。

小范围征求意见。2017年6月1—10日，进行小范围内部征求意见。

报告文本第三稿完善。2017年6月11—20日，根据数据第二轮复核结果和小范围征求意见情况，完善报告文本，形成征求意见第三稿。

（三）报告评审与修改完善阶段

管理部门初审。2017年6月21—27日，交至国家海洋局科学技术司审查，并根据审查意见修改文本，重点是海洋经济创新发展区域示范专题分析一章，同时补充提供了相关数据。

内审及报告文本第四稿修改。2017年6月28日至7月5日，中心组织进行内部审查，并根据内审意见修改文本。

计算过程复核。2017年7月6—14日，组织测算组进行计算过程的认真复核，重点检查计算过程的公式、参数和结果准确性，并根据复核结果进一步完善文本，结合各轮修改意见，形成征求意见第四稿。

管理部门二审。2017年7月15—28日，交至国家海洋局科学技术司审查，并根据审查意见修改文本。

顾问组审查。2017年7月29日至8月22日，组织顾问组审查，并根据审查意见修改文本。

专家组研讨。2017年8月23日，在国家海洋信息中心组织专家研讨，并根据研讨意见修改文本。

出版社预审。2017年8月，提交文本纸质版给海洋出版社编辑部进行预审。

集中修改并于2017年9月形成正式文本。

五、意见与建议吸收情况

已征求意见70多人次。经汇总，收到意见和建议约900余条。

根据反馈的意见和建议，共吸收意见和建议620余条。反馈意见和建议吸收率约为69%。

更新说明

一、增减了部分章节和内容

（1）新增了第七章“我国海洋科技投入产出效率专题分析”。

（2）因数据质量问题，第二章第一节删减了“科技活动人员年龄结构分布”分析。

（3）删减了《国家海洋创新指数报告2015》第七章“我国企业海洋创新能力专题分析”和第八章“我国城市海洋科技力量布局专题分析”。

二、更新了国内和国际数据

（1）更新了国际涉海创新论文数据。原始数据更新至2015年，用于海洋创新产出成果部分的分析，以及用于国内外海洋创新论文方面的比较分析。

（2）更新了国际涉海专利数据。原始数据更新至2015年，用于海洋创新产出成果部分的分析，以及国内外海洋创新专利方面的比较分析。

（3）更新了涉海高等学校数据。高等学校海洋创新发展分析所用原始数据更新至2015年。

（4）更新了国内数据。国家海洋创新评估指标所用原始数据更新至2015年，区域海洋创新指数评估指标更新为2015年数据。

三、完善了部分章节内容

完善方法说明。针对海洋投入产出效率，进一步完善了方法说明，详细介绍了数据处理方法和评估测算过程。